神奇的世界系列

有趣的动物

插图版

朗悦洁 编著

武汉出版社
WUHAN PUBLISHING HOUSE

（鄂）新登字 08 号
图书在版编目 (CIP) 数据
有趣的动物 / 朗悦洁编著 . -- 武汉：武汉出版社，
2015.5（2018.10 重印）
ISBN 978-7-5430-8966-2
Ⅰ. ①有… Ⅱ. ①朗… Ⅲ. ①动物 - 青少年读物
Ⅳ. ① Q95-49
中国版本图书馆 CIP 数据核字（2015）第 028360 号

书名：有趣的动物

编　　著：朗悦洁
本书策划：李异鸣
特约编辑：周乔蒙
责任编辑：王　颖
封面设计：华夏视觉
出　　版：武汉出版社
社　　址：武汉市江岸区兴业路 136 号　邮　　编：430014
电　　话：(027) 85606403　85600625
http://www.whcbs.com　E-mail：zbs@whcbs.com
印　　刷：北京市文林印务有限公司　经　　销：新华书店
开　　本：787mm × 1092mm　1/16
印　　张：9.5　字　　数：140 千字
版　　次：2015 年 5 月第 1 版　2018 年 10 月第 2 次印刷
定　　价：49.80 元

前言

你知道吗？燕子南飞、旅鼠迁徙、螃蟹取经、小偷袋鼠……这些匪夷所思的动物行为会让你目瞪口呆。当你了解这些动物的行为时，脑海中有没有想过为什么，有没有想去探索个中的奥妙？

你知道吗？千百年来，各种各样的动物一直在进化，其间有无数的动物先后灭绝，比如恐龙，可是恐龙目前还存在于世界上，你知道这是怎么回事吗？

你知道吗？金属当饭吃、蚂蚁是游牧民族、黄蜂也懂得遵守交通规则……这些动物的行为是怎么回事？

你知道吗？我们经常说“人心不足蛇吞象”，这个“象”又有什么样的神奇的故事呢？蛇真的能吞象吗？

动物学是一门非常有趣的学科，它能揭示动物生存和发展规律，与我们的生产活动密切相关。公鸡打鸣、金雀高歌、斑马线都与它息息相关。

说动物学充满了趣味性，因为动物中充满了奇妙无穷的行为世界。

这本关于动物的小百科全书，它将带你走进妙趣横生的动物世界——蜜蜂、飞蝶、狗狗、猫头鹰的奇异行为，去探寻动物世界的真实面目。

翻开这本书，你将在神秘动物这个舞台上，看到会歌唱幸福的鸟儿、用手语交流的动物、飞蝶扑火的奇观，无数的动物扮演的一个个生动而鲜明的角色，上演着一幕幕奇趣横生的动画片。

探索动物的奥秘，不仅仅是动物学家的责任，也是孩子们的功课。

目录

第一章　走进妙趣横生的动物大世界

黑河大军——遮天蔽日的大迁徙

放学回到家里，浩博便对妈妈说：“妈妈，今天我不去练习跆拳道了。老师布置了一项作业，我要在明天上课之前完成它。”

浩博一直非常喜欢跆拳道，今天居然主动提出不去练习，这让妈妈觉得很奇怪，“浩博，你到底有什么作业这么重要？”

浩博回答说：“老师让我们寻找一种已经灭绝的动物，并说出它的一些特点。”

妈妈说：“我知道有一种动物，是已经灭绝的旅鸽，不过需要你自己去找关于它的资料。”

有了线索，浩博自己去查找资料了。

通过努力，他了解了旅鸽的一些资料。

旅鸽，顾名思义，是一种特别喜欢旅行的鸽子，曾经是世界上最常见的一种鸟类。根据动物学家的研究，最多时有多达50亿只的候鸽，它们在空中飞翔时的景象非常壮观，可以用遮天蔽日来形容。

旅鸽是一种中型鸽类，体长约35厘米左右，体重约300克左右，翅膀张开之后呈扇形。羽毛的颜色非常好看，头部和上体主要为蓝灰色，两枚尾羽是褐灰色，其余尾羽白色，翅膀褐灰色，腹部以下呈红色。

关于旅鸽，最著名的是它迁徙的过程之中，由于数量众多，所经过之处的白天在数小时，甚至是好几天之内，一直暗淡无光。当旅鸽栖息的时候，很多粗壮的树枝被它们压断。只需要短短一夜的时间，旅鸽栖息下方的地面上会覆盖着大约5厘米厚的鸟粪。

然而，这些数量庞大的旅鸽是如何灭绝的呢?

当欧洲人踏上北美这块原始大陆后，旅鸽灭绝的命运便一步步开始。作为食物，旅鸽的肉质非常鲜美，被人们大规模地捕食。由此，旅鸽的数量开始急剧减少。

同时，由于土地的开垦，森林被破坏，旅鸽的生存环境也越来越恶化。加上人类用枪击、毒药、网捕等方式滥捕乱杀，旅鸽遭受灭绝性的打击。

根据当地人的统计，当地密执安州一个季节里就捕获了750万只旅鸽。在不到100年的时间里，旅鸽从几十亿猛减到濒临灭绝。

直到19世纪40年代，旅鸽数量的锐减才引起美国鸟类观察组织的关注，他们决定想办法保护旅鸽。

然而，立法委认为“旅鸽数量庞大，栖息地四处都是，觅食地宽敞开阔”，拒绝立法保护旅鸽。这份旅鸽保护法未能通过，直接影响了后来对旅鸽的立法保护。

在人类的大肆猎捕下，旅鸽的数量急剧减少。到了19世纪70年代，美国的国内战争结束后，鸟类学者已经很难发现大规模的旅鸽群了，而各地发现野生旅鸽的记录也越来越少。

1900年，最后的野生旅鸽在俄亥俄州由一名14岁的小男孩射下，不久之后就死去了。

曾经遮天蔽日的旅鸽，在北美大陆已经很难看到。为此，美国政府曾登出这样一个特殊悬赏：谁要是找到一只旅鸽便可得到1500美元的奖励。可是至今都没有一个人得到奖赏。这代表着旅鸽从此在地球上灭绝了。

在美国的一家动物园曾经饲养过一只旅鸽，但几年之后，它老死了。这只旅鸽被制成标本，放进国家博物馆。如今，这具标本仍然保留在美国的国家博物馆，但不做公开展示。

了解了这些知识之后，浩博说："这些旅鸽的生命太脆弱了。"

妈妈点点头，"人类何尝不是？如今环境问题越来越严重，如果人类继续破坏环境，人类将来的命运可能和旅鸽一样。"

浩博点点头："我以后一定要从自身做起，保护我们赖以生存的环境。"

奇趣小知识：

旅鸽属于极端社会性的动物，它的筑巢方式非常奇特。在一棵大树上居然有超过一百个鸟巢，密密麻麻的，即便有压断树枝的危险，它们也不会轻易"搬家"。

死亡迁徙——视死如归的旅游方式

浩博放学之后，一头扎进爸爸的书房，直到要吃饭了才出来。出来的时候，他的表情非常轻松。

妈妈问："你进书房是不是查什么资料？"

浩博点点头，说："妈妈，我先问你几个问题，可以吗？"

妈妈点点头。

浩博的问题分别为：1.一只雌旅鼠一年能够繁殖多少后代？2.旅鼠死亡大迁徙的秘密是什么？3.旅鼠在遇到天敌的时候，为什么会主动送上门？

聪明的小朋友，你能回答浩博的这三个问题吗？

在大自然中，旅鼠是一种非常普通的小动物，从外形来看，它与普通老鼠没有什么区别，体形椭圆，四肢短小，尾巴粗短，耳朵很小，体长可达到15厘米，是一种非常胆小的动物。

别看旅鼠的体形不大，但食量非常惊人。它以草根和苔藓之类的植物为食，一顿可吃相当于自身重量两倍的食物，一年可吃45千克左右的食物。因此，动物学家戏称旅鼠为"肥胖忙碌的收割机"。

旅鼠的食量非常惊人，但更为惊人的是它的繁殖能力。根据动物学家统计，一只雌旅鼠一年可产6～7窝，一窝可生12个，小旅鼠的成长期约为20天。根据这个速度来计算的话，一只雌鼠一年可生成千上万只后代，确实令人惊叹不已！

除了食量大和繁殖能力强之外，它还有一个特点让人惊奇。当数量达到一定的密度时，非常胆小的旅鼠就变得天不怕地不怕了，它们会焦躁不安，东跑西颠，且停止进食，似乎大难临头。这时的旅鼠不害怕任何天敌，还充满挑衅，并将灰黑色的皮肤变成鲜红的橘红色。平时，它们灰黑色的皮肤正好可以用来保护自己，而变成鲜红色，是故意吸引猫头鹰、秃鹰等天敌的注意，以便最大可能被发现并来吞食它们。

最令人惊叹的是旅鼠的迁徙行为。当旅鼠的数量越来越多时，它们会显示出一种非常强烈的迁移意识，聚集在一起，渐渐地形成黑压压的一大群。似乎是有预谋一样，它们会忽然朝向一个方向，浩浩荡荡地出发。它们往往是白天休息、寻找食物，晚上摸黑前进。

旅鼠们像传教士一样，沿途不断让新的旅鼠加入，队伍会愈来愈庞大，数量常常达数百万只。

数百万的旅鼠非常壮观，见山过山，见水涉水，一直向前，绝不绕道，更不会停止。一直到大海边上，它们仍然毫无惧色，纷纷跳下去，直到被汹涌澎湃的波涛吞没、全军覆没为止。

旅鼠的这种行为，动物学家认为是一种自杀行为。当旅鼠的数量达到顶峰时，食物就会短缺，为了继续繁殖下去，它们会留下少数同类，担当起传宗接代的任务，其余的就全部奔向大海自杀。

但不管怎样，旅鼠的这种行为的确是动物界中的一大奇观。当然，它们这种视死如归的迁徙方式，一直是动物学家热衷的话题，相信随着科学的进步，人们一定能够找出旅鼠这种行为的真正原因。

浩博了解了这些知识之后，又遇到了一个新问题：动物界中，除了旅鼠有自杀式旅游行为之外，还有没有其他动物有这种行为？

聪明的小朋友们，这个问题的答案你知道吗？

奇趣小知识：

除了旅鼠，蓝鲸也具有自杀行为。很久以来，人类就注意到蓝鲸的这种奇怪行为，经常有成群的鲸鱼突然出现在海边，然后在那里拼命地用尾巴拍打水面，同时发出绝望的嚎叫，最终在退潮时搁浅死亡。最近的一次发生在2012年的10月，在孟加拉湾北安达曼岛西岸，约40头巨鲸搁浅死亡。

去南方过冬——奇迹般的游牧民族

中秋节的时候，爸爸和妈妈带着浩博去爷爷家过中秋。浩博非常高兴，因为他又可以见到爷爷家的小燕子了。暑假的时候，爷爷家住进了两只小燕子，一雌一雄，它们进门后的第一件事便是筑巢。

老房子的屋梁是它们选取的“宅基地”，接下来的一段时间，它们到村边的池塘里叼泥，到村外的农田里叼草，然后在“宅基地”里一点点地排起来，呈弧形，又一层层地垒上去。就这样一刻也不停地忙活着，几天后，一个马蹄形状的崭新的巢筑成了。

不久之后，一窝小燕子就孵出来了。作为主人，浩博当然为它们的成功欢呼、庆幸，而它们依旧早出晚归，到处捉虫子给小燕子吃，忙得不得了。

这次去爷爷家，又可以见到小燕子了。

可是，到了爷爷家，浩博发现小燕子的窝还在，但小燕子却不见了。

浩博问：“爷爷，那些小燕子怎么不见了？”

爷爷说：“它们都飞到南方过冬去了，明年春天就会飞回来了。”

浩博没有看到小燕子，有点失望。爸爸说：“其实，小燕子很有灵性，它们算得上是游牧民族，它们的游牧生活可是有很大的文章呢。”

聪明的小朋友，你知道小燕子的游牧生活有什么秘密吗?

燕子的翅膀很长，尾巴像张开的剪刀，羽毛是黑色的，嘴边的羽毛和脚部呈橘红色，腹部是白色，喜欢在民居房的角落或民居房的横梁上方用泥搭窝。

关于燕子的迁徙生活，民间有句谚语，叫“燕子不过三月三”，意思是说：燕子回到华北平原地区的时间过不了农历三月初三。燕子在北方生活几个月的时间，到中秋节前后就会离开。

燕子是非常有灵性的动物，在即将飞往南方过冬的时候，它们基本上就不出门了。它们天天蹲在屋檐上，不时抖抖翅膀，忽而用嘴理理羽毛；一会儿相互间靠一靠，一会儿又在院子里飞来飞去，成双入对地互相追逐。这时候，一些老人会说，“南飞”的时间快要到了，这是它们在恋恋不舍地和主人告别。

在飞往南方的时候，它们是成群结队地由北向南飞向遥远的南方，去那里享受温暖的阳光和湿润的天气，而将严冬的冰霜和凛冽的寒风留给从不南飞过冬的山雀、松鸡和雷鸟。

很多人都认为，燕子南飞是寒冷天气的原因，等到春暖花开的时节再由南方返回本乡本土生儿育女、安居乐业。事实真的如此吗？

其实并不是这样的。

这是因为，燕子是以昆虫为食的，且它们从来就习惯于在空中捕食飞虫，而不善于像啄木鸟一样在树缝和土缝中搜寻昆虫，也不能像松鸡和雷鸟那样杂食浆果、种子，以及在冬季改吃树叶。

由于北方寒冷的冬季是没有飞虫可供燕子捕食的，燕子又不能像啄木鸟和旋木雀那样去挖掘潜伏下来的昆虫的幼虫、虫蛹和虫卵，食物的匮乏使燕子不得不每年都要来一次秋去春来的南北大迁徙，以得到更为广阔的生存空间。燕子也就成了鸟类家族中的“游牧民族”了。

燕子的迁徙留给人们的印象是在人们不知不觉之间飞走，这是因为它们总是在夜深人静、明月当空的夜晚迁飞，而且飞得很快，有时只能看见它们的影子一闪而过，根本看不清楚它们的模样。

燕子迁徙的过程非常壮观，看起来是无数个小黑点，可以用遮天蔽日来形容。有的时候，它们停下来休息，数量庞大。有人发现，有一次燕子中途停下来休息时，无数只小燕子停留在一座近10栋大楼的民房的楼顶上，以及附近的电线上、葡萄架上、树上等，到处都被灰黑色的燕子“占领”。它们一只只、一串串，像音符，像项链，场面十分美丽壮观。

家燕还有着惊人的记忆力，无论迁飞多远，哪怕隔着千山万水，它们也能够靠着自己惊人的记忆力返回故乡。

奇趣小知识：

燕子能够成功地预报天气，民间有谚语说“蚂蚁搬家蛇过道，燕子钻天青蛙叫”。意思是说，如果见到“燕子钻天”等动物的异常行为，天气就要发生变化。据说，“燕子钻天”就预示着要下雨。

彩蝶飞舞——与花朵争艳的美丽空姐

浩博在校园里玩耍的时候，突然看见了很多蝴蝶，在绿油油的树叶之间，这些蝴蝶像花一样，漫无目的地飘荡着。浩博伸出手，想去碰碰它。感到浩博的手接近了，蝴蝶一下子急速地上下翻飞着。

浩博很高兴地在那里观赏蝴蝶，他从来没有看到这么多的蝴蝶一起出现。不一会儿之后，这些蝴蝶似乎感觉到不安全，纷纷飞走了。

浩博很想弄清楚这些蝴蝶的知识，就在这个时候，上课铃声响了，浩博赶紧回到教室里上课。放学后，他赶紧跑回家，去查关于蝴蝶的知识。

经过查找，他知道蝴蝶也是一种迁徙性的动物，会随着季节的变化而迁徙。

当今世界上，大约有200多种蝴蝶喜欢集体旅行。其中，最有名气的莫过于斑蝶和粉蝶了。这些集体旅行的蝴蝶，它们的队伍大小不一，最多时可由成千上万的蝴蝶组成一支浩浩荡荡的大军。

在旅行的过程中，这些蝴蝶是按照一定的路线飞行的，很少发生错误，仿佛有一条无形的航线在指引着它们一样。蝴蝶飞行的速度很快，在逆风时一般每秒可以前进2～4米，顺风时则更快，每秒可以达到10米，也就是说，它在顺风的情况下加速飞行的话，可以赶上牙买加飞人博尔特。还有一种蝴蝶，叫灰蝶，它们的飞行速度要更快，绝对称得上是“无影腿”，来无影去无踪。

蝴蝶迁徙最有名的要数彩蝶王了。彩蝶王是一种橙褐色的大蝴蝶，会随着季节的变化而长途迁徙。每年的春天，彩蝶王总是成群结队地从中美洲一直飞向加拿大；到了秋天，彩蝶王又会从加拿大沿着来路飞回墨西哥。整个旅程的距离超过四千五百公里，这往往要花费几个月的时间。

每年春暖花开之际，它们会成群结队地从墨西哥出发，越过墨西哥湾、德克萨斯州、佛罗里达州，一直飞到加拿大。

这些彩蝶非常团结，在途中，雄性的彩蝶总是以护卫和导游的身份，在雌蝶周围组成一道屏障。它们和人类一样，日出而作日落而息。旅途的过程中，天刚亮就开始起飞，傍晚太阳落山，它们就会找个地方栖息。

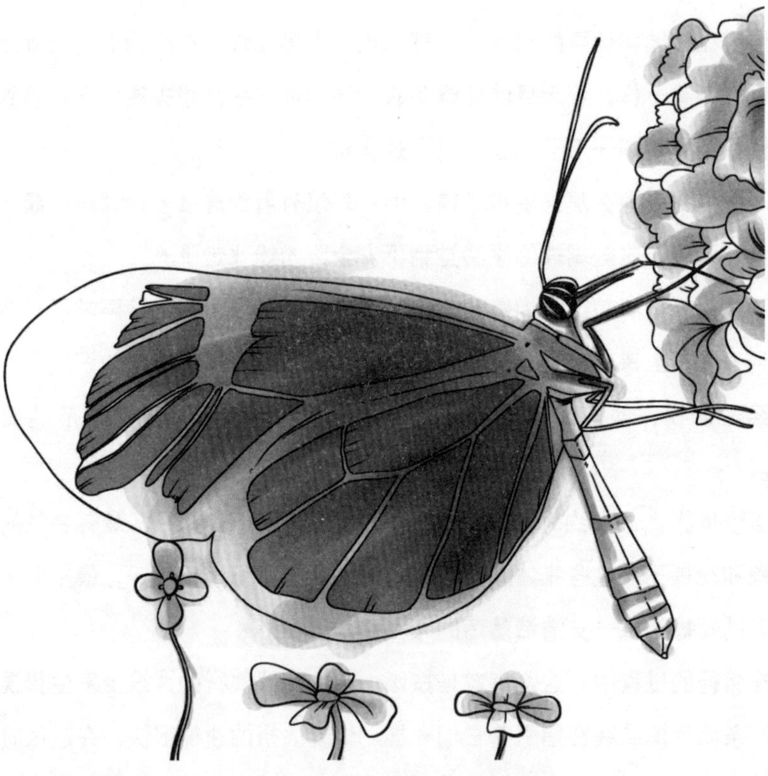

在几千公里的长途迁徙中，它们平均每天要飞行45千米。在行进的途中，要飞越大海、高山和荒漠。有时还会遭到高空强风的袭击，把队伍驱散。千百万只彩蝶王在碧空中如流霞一般，景象非常壮丽。

当然，在旅途的过程中，彩蝶王也会遇到各种各样的危险。不过，它们有个很好的防身武器，那是随身携带的一种无形的武器——毒素，因此它们从来不畏惧鸟类的袭击。

它们随身携带的毒素是天生就具备的。当它们破卵而出变成幼虫之时，就会将植物液体中有毒的物质吞进肚子里，这些毒物在体内不断积累，由幼虫至蛹，蛹又传给蝶。如果鸟儿不慎咬住了这种彩蝶，毒素就会对鸟儿产生剧烈的刺激，阻碍它的血液循环，麻痹心脏，使之痉挛而死。

当经历长途飞行，到达墨西哥的马德里山脉时，彩蝶王会在这里休养生息、繁殖后代。大量的彩蝶王聚集在松树的树枝上，密密麻麻，有时竟能够把7厘米粗的树枝压断。

彩蝶王有时整个冬季都不活动、不进食，可是一到了春天，它们就会在温暖的阳光下苏醒过来，继续踏上北上的旅程。

浩博了解了这些知识，感叹地说："这些小小的蝴蝶，居然能给人类带来这么强大的震撼，实在是不简单。"

奇趣小知识：

在中国常见的蝴蝶中，大多数种类是没有毒的。而一般有毒的蝴蝶，为斑蝶、麝凤蝶、裳凤蝶、丝带凤蝶等种类。这些有毒蝴蝶的共同特征是以有毒植物为食，毒物都是从食物中聚集的，而非自身产生。只要不吃就没事，毒性还是要看它吃的植物的。

漫漫长路——千里长征路

浩博和爸爸妈妈一起去了极地海洋世界。在那里，浩博看到了很多在北京海洋馆没有见过的动物，比如北极熊、北极狼、帝企鹅、白鲸等等。

进了海洋世界，他首先看到的是北极熊。北极熊的体形非常大，两只北极熊一直待在岸上，走来走去，不时互相摩擦着头部。接下来浩博看到了帝企鹅，帝企鹅在企鹅里算是体形较大的，颈下胸前的毛是黄色的，看起来非常漂亮。

浩博想到了一件事，问："它为什么叫帝企鹅？是不是和皇帝一样高贵、自命不凡？"

爸爸笑着说："不是的。它之所以叫帝企鹅，是因为在发现它之前，发现了一种体形较大的企鹅，以'国王企鹅'命名。后来，又发现了比'国王企鹅'更大的企鹅，只好叫'皇帝企鹅'了。"

浩博突然想到老师讲过的一堂动物课的内容，问："爸爸，我听说帝企鹅每年都要进行一次'长征'，是真的吗？"

爸爸点点头，"是的！"

浩博问："那它们的'长征'有什么特点吗？和我们的红军长征是一样吗？是不是也危险重重？"

聪明的小朋友，你知道这些问题的答案吗？

帝企鹅虽然叫"皇帝企鹅"，过的并不是皇帝的生活，不仅没有享受，反而会很辛苦。这种辛苦除了生活环境艰苦之外，还有就是前面提到的"长征"

路了。

每年的3—4月，已经成年的帝企鹅需要走大约100公里千米的长征路。它们的腿非常短小，走路的时候摇摇晃晃，有的用“小胖手”撑着跑，有的干脆直接用肚子在冰上滑行。它们跑到一处算比较背风的空旷地带，进行求偶和交配。

在帝企鹅中，由于雄性企鹅比较多，雌性企鹅比较少，因此，在求偶时，雌性企鹅会非常积极主动，而且还会与其他雌性企鹅相互拍打，赶走“情敌”。

当雄性企鹅和雌性企鹅情投意合之后，就会交配。经过四个月的时间，雌帝企鹅会产下一枚淡绿色、重约500克的蛋，然后将蛋交给雄帝企鹅，就匆匆上路，返回食物丰富的海洋，以补养它们因生育而衰弱的身体。此时，它们又需要走大约90公里，返回出发点，寻找食物。

它们以水中的鱼为食物，潜水去捉鱼时，同样非常危险，因为海里有同样

饥肠辘辘的海豹在等着它们到来。雌性帝企鹅吃饱饭之后，又匆匆往回赶，又走又爬，一来一去大约要花费三个月的时间。

雄性帝企鹅的生活更加艰苦，它需要几个月的时间站着不吃不喝，而且要忍受零下60℃的温度。这些雄性帝企鹅是在做什么呢？它们在孵化企鹅蛋。

在这个过程中，它们需要用零上36℃的温度，也就是人类正常的体温去孵蛋。这个过程中，它们的头上会由于极寒天气而全部挂满冰柱，还不能动，因为脚上放置着蛋，一不小心蛋就会滚掉摔碎。

当小帝企鹅孵化出来之时，雌性帝企鹅差不多也回来了，这个时候雄性帝企鹅才能够寻找食物。当然，它们寻找食物还需要跑到出发地。

几个月之后，当小帝企鹅长大了，雌雄帝企鹅就会离开小帝企鹅，让小帝企鹅独自生活。

可怜的小帝企鹅还没有成年，身上的毛还是灰色的，毛茸茸的。它们只好跌跌撞撞，挤作一团取暖，慢慢地，这些小帝企鹅就会学会了生存本领。

当它们差不多长到5岁的时候，就会和它们的父母一样，踏上辛苦的“长征”路。

由于帝企鹅很好地适应了栖息地的恶劣环境，因此它们并不认为这对它们有什么威胁。目前世界上大约有30个帝企鹅群，因为气候环境变化、它们到筑巢地的距离不同，以及海冰边缘不断变化，帝企鹅的数量在减少。

奇趣小知识：

南极是地球上最寒冷的地方，最低温度可以达到零下90°。企鹅能够在这么冷的环境下生存，是因为它身上有厚厚的脂肪。动物学家研究发现，它身上一共穿了四层“衣服”：第一层为油性羽毛；第二层为空气，能绝缘保暖；第三层是皮肤；第四层则是皮下脂肪，厚达2～3厘米。

险象环生——惊心动魄的迁徙大军

最近，动物园迎来了一批新成员：两头角马和三只大袋鼠。周四上午，学校组织全体同学前去观看。

在动物园里，浩博看到角马长着一张长长的马脸，一条长长的尾巴，头大肩宽，头上长着一对弯弯的角，下巴留着一撮山羊胡子，牛头马面羊须，长相很怪。

在介绍角马的时候，现场解说员说："角马，也叫牛羚，它是生活在非洲草原上的大型羚羊。它最突出的特征是每年都要进行一次迁徙活动。"

在解说员的讲解下，浩博明白了角马的迁徙活动。

角马生活在终年高温的热带草原上。角马是群居动物，以血缘关系一大群一大群地生活在一起。每年4月至5月，角马们会在坦桑尼亚繁殖后代。这个时候，当地的大草原，就成了角马们的大产床，有数不清的小角马在这里诞生。在热带草原上，每年的7月、8月、9月为降雨季节，降水比较多。而其余的季节降水则相对较少，尤其是进入11月后，直至来年的4月，几乎很少降雨。

在雨季时，风调雨顺，植物茂盛，可以满足角马的食物需求。一旦进入干季，则缺水少雨，植物一片枯黄。

在干旱季节来临时，为了生存，角马会迁徙到热带雨林边缘水草旺盛的地方，寻找食物维持生命，雨季时再迁徙回来。

除了角马，热带草原上还有其他动物参与迁徙。据动物学家统计，有超过100万只非洲角马、50万只斑马以及其他大约10万只动物，它们迁徙的路线是穿过肯尼亚马赛马拉地区的边界线，前往塞伦盖蒂西部水草丰美的平原和林地。

每一次的迁徙都是险象环生，因为它们的旅途中埋伏着大量的天敌，陆地上埋伏着大量的狮子、豹子以及其他食肉动物，河里埋伏着大量的鳄鱼。

这些角马、斑马以及其他动物，在高温、干旱、贫瘠的热带大草原经历长达数周的长途奔波，体力已经大大降低，但它们依然与很多天敌斗争。最危险的，莫过于渡过马拉河，这条河水流湍急，而且里面潜藏大量饥肠辘辘的鳄鱼。动物学家统计，在长达3000公里的迁徙过程中，大约会有25万只老幼病残角马死去。然而事实证明，这些兽群很快就会恢复过来，甚至变得比原来更加强大。

渡过马拉河之后，就进入了水草丰盛的植物王国；渡不过去，将会因为缺少食物而死去。

为了能够让角马这个族群繁衍下去，尽管水中有很多饥饿的鳄鱼在等候着它们，但角马群必须渡过去。

角马渡河的策略，就是用量取胜，大队的角马一次性全部渡河。在渡河之前，角马会排起整齐的队伍，将一些老幼病残以及雌性的角马围在中间，而一些身强体壮的雄性角马则站在外围。一切准备就绪之后，大量的河马开始渡河。

角马渡河的情景是很惨烈的。有的老、幼、病的角马从河岸上跳入水中时会折断腿，有的甚至被湍急的河水冲走；有的角马被河里的鳄鱼、河马袭击，受伤或者死去，漂浮在水上；有的角马渡过河后，才发现自己的亲人、孩子走丢了或不见了，于是又回到河边，向着对岸呜呜地哀叫，或者重新冒着危险跳入河中，游回对岸。

尽管角马渡过马拉河的情景非常惨烈，但这也是一次优胜劣汰的过程，一些年老体弱的角马会在这个过程中被淘汰，而一些身强体壮的角马则生存下来，并增强了后代的体质。

了解了这些知识，浩博和同学们都非常吃惊，它们没有想到大自然界还有这样的事情。他们同时也感叹，大自然真是丰富多彩！

奇趣小知识：

文章中提到的马拉河，是鳄鱼和河马的家园，它发源于多雨的热带山区，即使干旱时期也从不断流。3月至6月的雨季中，河水会陡然上涨。在每年发生的世界上最壮观的角马大迁徙中，渡过马拉河暴涨的激流和抵挡鳄鱼的阻击是最艰难而壮观的一幕，这被称为“马拉河之渡”或“天国之渡”。

千里大军——动物大部队迁徙

圣诞节的时候，浩博的同桌送给浩博一张非常好看的圣诞老人的画像。画像上，慈祥的圣诞老人坐在车子上，前面有九只驯鹿拉雪橇。

这九只驯鹿各自都有一个非常好听的名字，领头的是红鼻子的鲁道夫，分据两旁的拉车者分别是勐冲者、跳舞者、欢腾、凶婆娘、大人物、闪电、丘比特和彗星。它们在冰天雪地里欢快地拉着穿着红衣服、蓄着白胡子的圣诞老人到处派礼物。

浩博问："这驯鹿到底是什么动物呢？"

同桌摇摇头，说："我也不知道！"

浩博只好自己查找资料，通过努力，他终于了解了驯鹿这种动物的一些知识。

驯鹿又叫角鹿，与其他鹿种不同，雌雄驯鹿都长着角，角的分枝繁复是其外观上的重要特征。驯鹿的分布地区主要集中在北半球的亚北极，包括在欧亚大陆和北美洲北部及一些大型岛屿。北美的驯鹿是纯粹野生的，而分布于北欧主要由拉普人管理的驯鹿则属于大范围圈养的。

驯鹿在中国也有分布，在大兴安岭东北部的林区，主要分布在寒温带针叶林中，以石蕊、问荆、蘑菇及木本植物的嫩枝叶为食物。

驯鹿最让人吃惊的行为，是每年一次、长达几百公里的大迁徙。每年春天，驯鹿便会离开自己越冬的亚北极地区的森林和草原，沿着亘古不变的路线往北进发，寻找新的草场。

驯鹿的群族有着很强的组织性纪律性。在它们迁徙的过程中，由雌鹿作为向导带路，雄鹿则是断后保护，幼鹿伴随在母鹿左右，秩序井然，长驱直入，逢山过山，遇水涉水，不畏沿途艰难险阻前行。

驯鹿在迁徙的过程中，一边潜行一边进食，日夜不停。沿途不断褪掉身上的毛，生出新的薄薄的夏衣。有趣的是，前面驯鹿褪下的毛，被驯鹿的蹄子踩进泥土里，正好可以作为后来者的路标。就这样年复一年，驯鹿不知道已经走了几千年。

在迁徙的过程中，驯鹿大都是匀速前进，只有遇到狼群的惊扰或者猎人的追赶，才会进行一阵猛跑，发出惊天动地的巨响，扬起漫天尘土，掩盖自己逃跑，走出危险。

驯鹿迁徙的过程，也是一个优胜劣汰的过程。迁徙过程中跟在后面的群狼非常贪婪，搜寻着衰老生病的驯鹿。对于健康的驯鹿，由于狼的奔跑速度没有驯鹿快，耐力没有驯鹿好，它们只能尾随在鹿群后面寻找偷袭的机会。一旦发现体弱多病者，狼群便发起攻击。在驯鹿大队迁徙过程中，最恐怖的事情就是落后掉队，掉队的一些驯鹿，不论大小强弱，多数都沦为狼群的食物。

迁徙过程中的优胜劣汰促进了驯鹿的进化。同样，驯鹿的繁殖和生长也非常快。一般来说，雌性驯鹿在冬季受孕，在春季的迁移途中产仔。幼仔产下两三天即可跟着母鹿一起赶路，一个星期之后，它们就能像父母一样跑得飞快，时速可达每小时48千米。

了解了这些知识，浩博心中有个疑问：“驯鹿真的能够拉车吗？”

爸爸说：“驯鹿当然能拉车了，中国的鄂温克族就经常使用驯鹿作为交通工具，为他们的生产生活提供了很多便利。”

奇趣小知识：

近年来，由于驯鹿的生活环境不断恶化，数量开始减少。尽管近年来，驯鹿走进很多人的生活中，成为人们生产生活的助手，成为半家养的种群，但由于长期近亲繁殖，遗传衰退严重，加之疾病、天敌为害，数量已经大大减少。

第二章　动物大军的谋食大法

降蛇十八掌——天生的冤家对头

2012年的暑假，浩博和爸爸妈妈一起到云南旅游，旅游的经历让他至今难忘。

云南形状各异、姿态万千的石林让他流连忘返，美丽的西双版纳以及少数民族的风情更是让他陶醉。同时，他还学到了许多植物和动物的相关知识，关于蛇獴的知识就是其中一个。

旅游的途中，在一个农户家休息的时候，浩博看到了一种从未见到的动物，身体细长，四肢短小，嘴巴尖尖的，头非常小，外形有点像黄鼠狼。

好奇的浩博问："这是什么动物？"

农户的主人说："这是蛇獴，它是捕捉鼠类的能手。以前这里鼠害严重，人们把蛇獴引进来，用来抓捕老鼠。蛇獴的身体小巧而灵活，钻进老鼠洞里，一个个地捕食，我们这儿的鼠患就解决了。"

浩博说："它真厉害，原来是专门用来捕食老鼠的。"

农户的主人笑了，说："它的专职工作并不是捕鼠，而是捕毒蛇。它非常厉害，甚至能够捕杀比它身体大好几倍的毒蛇。"

浩博不敢相信，这么小的动物怎么能够捕杀毒蛇呢?

一说起毒蛇，人们就会感觉害怕，特别是眼镜蛇，更令人毛骨悚然。眼镜蛇的毒牙有剧毒，如果将它激怒，它前半身就会竖起来，颈部膨大，发出呼呼的声音，非常吓人。如果被眼镜蛇咬伤，不及时救治，两个小时之内就会死亡。

眼镜蛇虽然可怕，可遇到蛇獴，它就会非常害怕，缩成一团，像老鼠见了猫一样。

眼镜蛇的毒性很强，难道蛇獴不怕?

经过动物学家的研究，蛇獴是眼镜蛇的天敌，是因为两个原因：

1.蛇獴的身体非常灵活，动作频率很快，眼镜蛇很难攻击到它。

2.蛇獴的血液中含有对眼镜蛇的毒性有很强免疫力的抗毒因子。它的血液的缓冲能力比较强，能够抵御毒液的影响。也就是说，眼镜蛇的毒性再大，对它也一点作用不起。

眼镜蛇的可怕之处在于它的毒性和快速的动作，在蛇獴面前，它失去了赖以生存的武器，也就是失去了威胁，只有等死了。

有动物学家对蛇獴和眼镜蛇之间的斗争，进行过详细的观察和记录。现在，就将蛇獴如何施展“降蛇十八掌”置眼镜蛇于死地与各位小朋友分享。

当蛇獴遇到眼镜蛇时，斗争便开始了。眼镜蛇出于本能，首先发起攻击，用它快速的动作攻击蛇獴，想把蛇獴咬住。面对精力充沛的眼镜蛇，蛇獴只好闪躲，根本没有办法还击。

15分钟之后，不断攻击的眼镜蛇已经筋疲力尽了，进攻的节奏逐渐缓慢。蛇獴的反击时间到了，它出其不意地一口咬住眼镜蛇的脖子，死死不放，双方扭成一团。

没过多久，眼镜蛇就会丧失抵抗力，成为蛇獴的美食。

像老鼠和猫是天生的冤家一样，有的时候蛇獴吃饱了，胃里已经装不下任何食物了，但是遇到毒蛇还是要把它咬死，就像猫见了老鼠那样毫不留情。

动物界中，除了蛇獴之外，黄鼠狼和猫也是天生的捕蛇能手。只是，黄鼠狼和猫只能捕食一些小蛇，对一些比它们体积大很多的蛇或者是毒蛇，黄鼠狼和猫就不如蛇獴了。

了解了这些知识之后，浩博很高兴，说：“蛇獴是一种益兽，我们绝不能伤害它。”

奇趣小知识：

我们经常听到有人说“蛇缠腰”，这是一种由水痘病毒感染引起的常见皮肤病。民间有一种说法：蛇缠腰，缠到一圈死翘翘。这没有科学依据，只有引起并发肺、脑等系统损害，才会危及生命，不出现并发症是不会危及生命的。出现这种皮肤病不用担心，只要去医院让医生检查并正确用药，就会很快康复。

铁当饭吃——吃秤砣铁了心

星期天的时候，爸爸妈妈带着浩博到动物园看动物，动物园里有很多好看的动物，如火烈鸟、狮子、老虎、犀牛等各种各样的动物。但让浩博印象最深的是大熊猫，在那里他学到了新的知识。

在观看大熊猫的时候，浩博听到身边的一个导游说："大熊猫平时以新鲜的竹子为食物。根据历史资料记载，除了竹子之外，古代的大熊猫会吃肉，而且有资料记载，大熊猫还有一个名字叫"食铁兽"，顾名思义，就是吃生铁……"

浩博大吃一惊，问："爸爸，大熊猫不是素食动物吗？怎么还会吃肉，还吃铁？"

爸爸点点头，说："历史上有资料记载，大熊猫会吃生铁。"

聪明的小朋友们，你相信大熊猫会吃肉和生铁吗？

大熊猫是我国的国宝，最喜欢吃新鲜的竹子，但可别以为它是素食动物，其实它是猪、羊、牛肉都吃的动物。大熊猫属于熊科动物，它的祖先是吃肉的，后来由于生存环境的变化才改吃竹子。如今，它的消化系统已经不太适应吃肉了，不过仍可以吃肉，只是不能多吃，吃多了会拉稀、吐。

除了吃肉，它还有一项特殊功能，就是吃生铁，因此，它还有一个特别的名称，叫"食铁兽"。

在1981年8月，一只名叫莉莉的7岁雌性大熊猫被送到四川卧龙自然保护区饲养场，饲养员给它喂食，将马口铁盆子放到它面前，正准备往里面倒饲料，这只熊猫居然将马口铁盆子咬成碎块，一块一块地吞进肚子。饲养员吓坏了，不知所措。

当时，动物园很多专家都在关心这些铁能否消化。一天后，饲养员从莉莉的排泄物中找到了吃下去的碎铁片，人们才算放心。

后来，动物园的专家在查阅了有关资料之后才发现，大熊猫是有吃铁习惯的。在《尔雅·释兽》中，对大熊猫这样描述：似熊、小头、痹脚、黑白驳，能舐食铜铁及竹骨。

动物界中，除了大熊猫有吃铁的习性外，蝙蝠蛾幼虫也有吃金属的习性。

在日本，通信架空电线上的铅质金属保护层经常遭到破坏，造成通信中断的事故。后来，维修人员发现是一种寄生在铅层表面的蝙蝠蛾幼虫干的。它只有米粒般大，头部长有一对大牙，以啃食铅为主，能在10多天时间内啃穿1.5毫米厚的铅质保护层，速度惊人。

其实，说到吃金属的动物，最搞笑的莫过于我国古书《岭南杂记》中记载的一则故事了：

1684年，正是清朝康熙年间，在一个地方的银库中，有几千两官银失窃了。这可是件大事情，急坏了负责看管银库的官员们。如果这失窃的官银找不到，几十个人都要受到牵连。

后来，仓库的看管员在银库的墙角下发现了一堆闪闪发亮的白银粉末。于是，他们扒开了粉末堆，居然在下面挖出了一个白蚁窝来，原来白蚁就是偷窃白银的“罪犯”。

仓库的看管员将这些白蚁捉住，放进炉里冶炼，终于炼出了银子。计算了一下，大部分官银被找了回来。

后来，经过对白蚁进行研究，发现它是等翅目的一种昆虫，能够分泌出一种浓度很高的蚁酸。蚁酸和白银一接触，就能够发生化学反应，生成粉末状的蚁酸银，白蚁可以毫不费力地把这些粉末吃到肚子里。这种物质在炉子里加热到白银的熔点时，又还原成白银。

学习了这些知识之后，浩博说：“原来动物界中有这么多好玩的知识。”

爸爸点点头：“动物世界与人类关系密切，你一定要好好学习，将来研究这方面的知识，为人类造福。”

浩博认真地点点头。

奇趣小知识：

在沙特阿拉伯的北部森林中，生活着一种爱吃铁的鸟类，这种鸟特别爱吃铁。经过动物学家解剖之后发现，它的胃液里含有浓度很大的盐酸。铁质在盐酸的作用下，会被慢慢消化掉。

人心不足——蛇吞象真的存在吗

星期天，浩博跟爸爸妈妈一起去动物园看动物。浩博在动物园看到大象非常高兴。这只大象大约有三米高，象头非常大，耳朵像扇子一样，四肢像圆柱一样粗大，支撑着它巨大的身体。

恰好此时，大象馆在举行成语大赛，说出关于“象”的成语，谁说的多谁就能够获得与大象合影的机会，很多人都参加了。

爸爸也主动报名，他一口气说出二十几个成语，像气象万千、包罗万象、险象环生、盲人摸象、人心不足蛇吞象、狗嘴里吐不出象牙、大象无形……最终爸爸胜利了，带着浩博和妈妈，一家三口高兴地与大象合了影。

从大象馆出来，浩博问：“爸爸，你能告诉我‘人心不足蛇吞象’这个成语是什么意思吗？”

这是比喻一个人非常贪心。关于这个成语，还有一个非常有趣的小典故。

从前有一个很穷的人，他救了一条蛇的性命。这条蛇是天上的一条蛇精，因为违反天条被打下凡间，但是它还有很高的法力。

这条蛇为了报答他的救命之恩，就让这个人说出他的愿望，蛇会尽力满足。这个人一开始只提出简单的衣食住行方面的要求，蛇都满足了。

后来这个人慢慢变得贪心起来，要求做县官，蛇也满足了他。他觉得县官太小，想当宰相，蛇也满足了他的要求。但做了一段时间的宰相，他还不满足，想要当皇帝。

蛇此时终于明白了，人的贪心是永无止境的，于是一口就把这个人吞吃掉了。

所以，蛇吞掉的是宰相，而不是大象。故此，留下了“人心不足蛇吞相”的典故。

人太贪心不可取，但蛇吞象是不是真的存在呢？

蛇吞象谁都没有亲眼看到过，可是蛇吞青蛙、老鼠、小鹿甚至牛犊的事却时常发生。

在云南的西双版纳，傣族人曾经发现，一条长约六米的蟒蛇，用长长的身躯将一头体形很大的鹿缠绕起来，使它窒息而死。然后张开大口，将这头鹿吞到肚子里。由于鹿体形太大，蟒蛇一时间难以消化，肚子胀得又粗又大，只能躺在那里，无法动弹。

同样的事情在我国的台湾地区也曾发生过。有一条蟒蛇闯进一个牛栏里，将一头出生刚4天、体重约12千克的牛犊吞了下去。大蟒蛇的腹部鼓起一只小牛的形状，胃都被小牛撑破了。同样，这头蟒蛇也无法动弹。如果继续下去的话，小牛和蟒蛇都会丧命。这时，小牛的主人立即报了警，警察请来一名研究蟒蛇的专家，用冷水淋在蟒蛇身上，帮助它把小牛吐了出来。幸运的是，小牛还活着。

蛇为什么能够吞下比自己身体大几倍的动物呢？原来，这和蛇身体的特殊构造有关系，就是它的嘴巴。

人的嘴巴只能张大到30°左右的角度，可是蛇的嘴巴能够张大到130°，甚至是180°的角度。这样，只要动物的体形在蛇口呈180°以下能够容纳，蛇就能够吞下去。

除此之外，蛇的胃和其他的动物不一样，其他动物的胃多是圆球状的，可蛇的胃呈长条状，就像一条长口袋一样。这条笔直的胃对于吞下较大的食物是十分有利的。

人类在吃较大块的东西时会堵住气管，蛇在吞食体形较大的动物时，会堵住气管吗？

动物学家经过研究之后发现，蛇的喉头的开口处在口腔底部前方，可以自由活动。蛇在吞食动物时，可以活动的喉头会伸到口外，这样就不必担心会堵住气管。

至于蛇能否吞象，理论上存在这样的可能，只要蛇的体积够大，是能够吞下大象的。只是，谁都没有见过。

奇趣小知识：

世界上最大的一头大象，站立时从脚到肩的高度有4.2米，体重为12.2吨，这是有记录以来最大的一头象。近年来，由于人类的捕杀和生存环境的恶化，大象的数量在急剧减少，已经引起国际社会的关注。

雷公凿——会发电的雷震子

大家都在客厅里看电视，换台的时候，发现遥控器没电了。家里没有多余的电池了，手动换台又非常不方便，爸爸只好去小区里的超市买几块电池。

买回来将电池装上去之后，遥控器又能够正常使用了。

浩博说："电池的发明给我们带来很多便利，真是太好了。"

爸爸点点头。

浩博想到了一个问题，"爸爸，电池是如何发明的？"

爸爸说："电池的发明多亏了一种叫电鳗的鱼，是它的放电性启发人们发明和创造了能贮存电的电池。"

浩博觉得不可思议，"鱼还能放电？在水里它放电时不会把自己电到吗？"

聪明的小朋友们，你相信鱼能够放电吗?

电鳗是一种南美洲鱼类，它的模样非常像蛇，体长有2米多，体重达20多千克。它全身无鳞，呈现灰褐色，栖息于水流很慢的淡水水体中，行动迟缓，并不时浮出水面，呼吸新鲜空气。

最奇怪的是鳗鱼的特异功能，它能够发电，能使一些小虾、小鱼和蛙类等触电身亡，然后饱餐一顿。当它遭到袭击的时候，也会立即放出电来，让敌方全身麻痹，击退进攻者。

至于电鳗能够放出多大量的电，在当地有这么一个故事。

有一支探险队无意间遇到了电鳗，觉得很奇怪，想抓住仔细观察一番。前去抓捕电鳗的有三个队员，结果他们刚刚碰触到电鳗，都像被谁重重击打一样，全部倒在地上，将探险队吓坏了。

后来，经过当地人的讲解之后，他们才知道原来是被电鳗释放出的电击倒。电鳗输出的电压在300伏到800伏左右，电力很强，因此，它又有“水中的高压线”之称。

生活在淡水中的电鳗为何能够放电呢?

经过动物学家研究发现，电鳗放电和它的生理构造有关系。电鳗尾部两侧的肌肉，是由有规则地排列着的6000～10000个肌肉薄片构成，薄片之间相隔着结缔组织，并有许多神经直通中枢神经系统。每个肌肉薄片都像一个小电源一样，能产生150毫伏的电压，近万个小电源串联起来，就可以产生很高的电压。

每当电鳗尾部发出电流，都会流向头部的感受器，因此在它身体周围形成一个弱电场。很奇怪的是，电鳗放电时，为什么不会电到自己？毕竟淡水是很好的导体。

这是因为电鳗皮肤表层的脂肪组织有很好的绝缘作用，而且电鳗也已经适应带微弱电的环境。

不过，动物学家发现，如果将电鳗放到空气中，它若继续放电的话，就会电死自己，这是因为空气的电阻比它身体的电阻更大。另外，如果电鳗受伤使两侧的绝缘体同时破损的话，放电时就会像两条裸露的电线一样短路，从而把自己电死。

后来，科学家根据电鳗的放电特性，受到启发，发明和创造了能贮存电的电池。人们日常生活中所用的干电池，在正负极间的糊状填充物，就是受电鳗发电器里的胶状物启发而改进的。

当然，电鳗不会连续放电。电鳗肉质鲜美，有很高的营养价值，当地的土著居民在抓它之前，会先将一群牛马赶下河去，使电鳗被激怒而不断放电，电鳗放完电筋疲力尽时，就能够直接抓了。

浩博了解这些知识之后，高兴地说：“原来电池是受电鳗的启发而发明的呀，看来动物和人类的关系真的很密切。”

奇趣小知识：

动物界中，除了电鳗能够放电之外，其他的鱼类，如电鲶、电鳐等都可以放电。

其中，电鳐放电虽然很弱，却能够持续不断地放电，这给人类很大的启发，或许不久之后人类能够发明用之不竭的电池。

小偷公司——动物世界中的小偷

爸爸和浩博出去买酸奶回来，发现很多邻居都围在保安亭，有个保安在门口看着。经过打听，原来是经常在小区里偷电瓶车的小偷被抓住了。过了一会儿，来了一辆警车，把小偷带走了。

浩博说："小偷太可恶了，总是想不劳而获。"

爸爸点点头，说："人什么时候都不能做坏事，不然会受到惩罚的。"

浩博点点头，忽然他想到了一件事，问："爸爸，我听老师说过，一些动物也会偷东西，是真的吗？"

聪明的小朋友，你相信动物也会偷东西吗？

在动物世界中，除了黄鼠狼、老鼠这样的小偷外，还有更高超的偷盗者，鬼脸天蛾就是其中一种。鬼脸天蛾的分布范围非常广，在世界各地均可见到，它的外形非常丑陋，体形和大小很接近蜜蜂。

正是利用体形大小与蜜蜂非常接近这一点，它发挥自己的特点，成为动物世界中最神通广大的小偷。

蜜蜂王国之内有着非常严密的防盗体系，蜂房就像攻不破的堡垒。甚至连力大无穷的熊，要想偷吃蜂蜜，也会被蜇得鼻青脸肿，狼狈逃窜。

可鬼脸天蛾却有自己独特的偷盗技术，就是"易容术"。每次它都能成功地混入蜂房，在那里尽情地享受香气四溢的蜂蜜。直到吃饱了，才会大摇大摆地走出去，且从未被发现过。

这是怎么回事呢?

原来，鬼脸天蛾“易容”成蜂王。在蜜蜂王国里，蜂王有着至高无上的地位，蜜蜂是依靠翅膀的振动发出声音的，而蜂王却同普通的蜜蜂不一样，它发出的声音是急促的。鬼脸天蛾正是利用这一点，每当它进入蜂房时，都会模仿蜂王的声音。

在蜜蜂王国，普通蜜蜂对蜂王有着绝对的尊重，当蜜蜂听到这种声音时，都会肃然起敬、俯首帖耳。利用这一点，行窃者就可以不费吹灰之力，进入蜂房，并且痛痛快快地饱餐一顿，再大摇大摆地出去。

鬼脸天蛾的偷盗技术算不算得上是动物世界中最先进的呢？除了鬼脸天蛾之外，居住在澳大利亚的袋鼠也有很高的偷盗技术。

袋鼠是大洋洲特有的动物，雌袋鼠的偷盗技术及逃跑技术具有天生的优越条件。

首先，它长在腹部的育儿袋是得天独厚的作案工具，而且随时随地携带，给它的偷盗行为带来了便利。当偷窃的东西得手后，它将偷盗的东西装在口袋内，然后逃跑。

其次，即便偷盗被别人发现，它也不怕，袋鼠的奔跑能力非常出色，它的肌肉几乎没有什么脂肪，而且心脏的功能十分强大，耐力持久。袋鼠奔跑的速度，每小时可以达到64公里。更重要的是，它在逃跑时，只用两只后脚着地跳跃着前进，身体直立，袋口向上，无论怎样奔跑也不必担心赃物会掉出来。

因此，袋鼠偷东西一旦得手，除非你把它捉住，否则你休想把东西再找回来。

这些动物的偷盗技术让浩博大吃一惊，他没有想到动物界中居然有这么多奇奇怪怪的事情。

浩博说："除了袋鼠和鬼脸天蛾之外，还有没有其他善于偷盗的动物？"

聪明的小朋友，你知道还有什么动物善于偷盗吗?

奇趣小知识：

除了这两种动物，我们日常生活中经常见到的蚂蚁和蜘蛛，都是偷盗行业的高手，都具备很高的偷盗技术。只要你认真观察，一定会有所发现。

游牧民族——蚂蚁世界中的逍遥人

浩博陪爸爸到乡下帮爷爷栽种棉花，浩博很久没有到爷爷家去了，这次决定好好玩一下。

在栽种棉花的时候，浩博发现了一个非常有趣的现象：许多蚂蚁在棉苗上爬来爬去，而且棉苗上有不少蚜虫。

浩博觉得很奇怪，问："爸爸，这是怎么回事？棉苗上为什么有蚂蚁，而且还有很多蚜虫。"

爸爸说："这是蚂蚁在放牧，如果你仔细观察一下其他的农作物，也会发现类似的现象。"

浩博问："蚂蚁还会放牧？"

爸爸点点头。

聪明的小朋友们，你知道这是怎么回事吗？

在动物世界中，蚜虫是依靠植物的汁液生存的，饮下植物的汁液，排出亮晶晶的粪便。这些粪便中含有丰富的糖，我们称之为"蜜露"，而这些"蜜露"是蚂蚁非常喜欢吃的。当蚂蚁遇到这些蚜虫时，就会用触角不时地拍打蚜虫的背部，促使蚜虫分泌出"蜜露"，供自己享用。别小看这些小小的蚜虫，一只蚜虫一天可以生产大约25毫克的"蜜露"，是自身体重的好几倍。

蚂蚁与蚜虫合作无间，蚂蚁不仅会用触角拍打蚜虫，使蚜虫分泌出这些"蜜露"，还会像牧羊人一样去放牧。

每当秋天的时候，蚂蚁都会把这些蚜虫像牧羊人赶牲口一样赶到蚁窝的“牲口圈”里。当天气转暖的时候，就是放牧的好时节，蚂蚁会将这些蚜虫送到绿树或者青草上。

放牧时，蚂蚁会用前爪牢牢地抓住这种蚜虫。蚜虫也非常配合，一动不动，任由蚂蚁搬运。

因为蚜虫繁殖得很快，当一个“牧场”放不下的时候，蚂蚁就会把它们搬运到新的“牧场”去。更为有趣的是，负责“放牧”的蚂蚁会认真地守卫在周围，保护它们的“牲畜”，免得它们受到瓢虫等天敌的侵害，同时也提防其他蚂蚁抢走它们的“牲畜”。

蚜虫为蚂蚁提供了丰富的食物，蚂蚁当然也不会亏待它们。当天气转冷时，蚂蚁会将这些蚜虫及虫卵搬进“牲口圈”里，并为它们收集食物，防止蚜虫冻死或饿死。

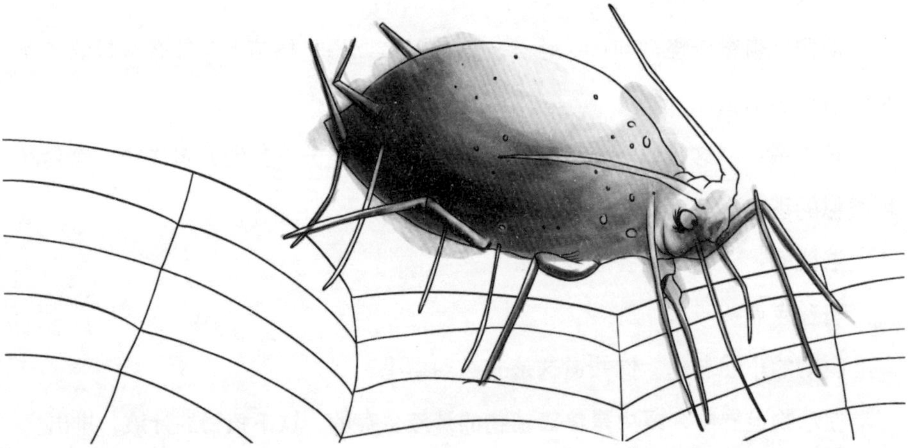

当春天到来的时候，蚂蚁又会重新“放牧”，将这些蚜虫送到“牧场”里。就这样，蚂蚁和蚜虫之间形成了一种相互适应的共生关系：蚜虫为蚂蚁提供食物；蚂蚁保护蚜虫，给蚜虫创造良好的取食环境。

浩博听完后，觉得非常神奇，说：“这岂不是和我们放牧奶牛一样，给奶牛提供新鲜的草料，奶牛就会提供新鲜的牛奶？”

爸爸认真地点点头，说：“蚂蚁也属于游牧民族，这是它们的逍遥生活。”

奇趣小知识：

虽然蚂蚁的“放牧”生活给自己的生活提供了便利，却对农作物的成长极为不利，甚至会导致农作物死亡和减产。为了防止农作物受到蚜虫的伤害，农民会喷洒药物消灭这些蚜虫。

变色龙——幸运的大蜥蜴

讨论课上，班主任要求大家讨论关于恐龙的知识。同学们踊跃发言，将自己所了解的有关恐龙的知识拿出来进行讨论。

浩博也有一些关于恐龙的知识想要了解，他站起来问："同学们，有谁知道恐龙究竟有没有全部灭绝？"

大家异口同声地回答："已经全部灭绝。"

浩博说："可是我在一本杂志上看到，作为中生代地球的霸主，恐龙并没有全部灭绝，这是怎么回事？"

大家顿时围绕着恐龙究竟有没有全部灭绝这个问题展开了激烈的讨论，但谁都没有说服谁，最后将问题抛给了班主任。

班主任说："其实，恐龙并没有全部灭绝，部分种类的恐龙后代仍然存于世界上。"

一直以来，人们普遍认为，恐龙作为中生代地球上的霸主，已经在六千多万年前全部灭绝。事实并非如此。史前恐龙的种类特别多。即便到了今天，部分种类的恐龙后代仍然活跃在地球上，只是数量比较少且生活在比较偏僻的岛屿上，因此知道的人并不多。其中，科莫多龙便是生存下来的一种恐龙。

科莫多龙直到20世纪才被人们发现。在印度尼西亚群岛西部有一个小岛，叫科莫多岛，此前这个岛常年荒无人烟，并没有为人们所关注。后来，松巴哇苏丹政府将一些十恶不赦的罪犯流放到岛上服刑。在这些犯人中间传出令人毛骨悚然的消息：岛上生存着恐龙。

起初，这并没有引起当地政府的注意。直到有狱警亲自看见并将情况上报给政府，政府才派遣有关的动物学家进行研究。

经过半年多的研究，在1912年，第一份关于科莫多岛上生存的恐龙的报告发表出来，并将这种恐龙命名为科莫多巨蜥。1915年，印尼政府将这种地球上其他任何地方都找不到的动物视为国宝严格保护起来。1926年，美国人伯尔登拍摄了关于科莫多岛的自然风光及巨蜥的大量镜头，由此，科莫多巨蜥才为世人所熟知。

经过动物学家研究，科莫多蜥蜴是活生生的恐龙，直白地说，就是活化石。科莫多巨蜥是目前世界上最大的蜥蜴，它全身长满鳞甲，尾巴粗大，四肢强壮有力，有点像鳄鱼。它巨大的头颅上长着两只闪烁逼人的大眼睛，嘴巴里长着锋利的牙齿，十分恐怖。

尽管经历几千万年的变迁，科莫多龙却仍然保持着其祖先原始的生活习性，至今没有任何进化。科莫多龙是典型的肉食动物，凶猛、残忍，且野性十足，就连一向以冷血、凶残著称的鳄鱼也望尘莫及。

捕食的时候，它们善于抓捕野猪和鹿等体形较大的动物。一头野猪一旦落入它们的利齿之下，不到几分钟就会被撕得粉碎。科莫多龙的食量很大，是狮子食量的三倍之多，一次要吃将近一头野猪，但一次进食可以保证半个月不用进食。

除了食量大之外，它的嗅觉也异常发达，它用芯子搜寻猎物。它的芯子有二十多厘米长，像蛇的芯子一样前面有分叉。利用它，即使是深藏地下两三米的龟蛋，科莫多龙也可以很准确地找到。

科莫多龙和它的祖先一样，虽然强壮有力，但它属于冷血动物，无法承受白天的高温，必须停止一切活动，躲在阴凉的树荫下栖息。

通过老师的讲解，浩博明白了更多关于恐龙的知识。

奇趣小知识：

科莫多龙为什么能够在几千万年前的恐龙灭绝中生存下来？几千万年前的地球到底发生了什么事情？动物学家一直试图从科莫多龙身上寻找，却至今一无所获。在较长时间内，这都将是一道难以解答的题。

第三章　动物的神奇能力

规矩成方圆——动物中的有趣规矩

在动物园里看动物的时候，在看鬃狗的时候，正好动物饲养员前来给鬃狗喂食。将食物倒进槽里的时候，好几只鬃狗一下子奔过来，不顾一切地抢食，嘴里还发出“呜呜”的声音。

浩博说：“这些鬃狗真是没有规矩，也不知道谦让。”

爸爸笑了，说："抢食物是它们的天性，很难改过来的。"

浩博问："是不是所有的动物都这么没有规矩？"

爸爸摇摇头说："不是的，有一些动物是很有规矩的，而且还特别谦让。"

浩博问："是什么动物？"

聪明的小朋友们，你知道浩博的爸爸说的是哪种动物吗？

我们知道，交通问题一直是非常突出的问题，各个国家都有严格的规定。以中国为例，有车行道和人行道，有靠右行驶等规矩。令人奇怪的是，在动物世界中，也有一些动物有这种规矩。其中，黄蜂就是最具代表性的动物。

动物学家在对黄蜂进行研究时，发现了一个很奇怪的现象：黄蜂虽然进进出出，活动频繁，但特别遵守"交通规矩"，一律靠左行走。

难道黄蜂也有自己的交通规则？

为了验证这种结论，动物学家还专门进行了一个实验，去观察黄蜂的出行。在实验中，动物学家将黄蜂巢的外面用透明的罩子罩住，这个罩子是用透明的玻璃做成的，以方便观察记录。

动物学家发现，尽管黄蜂的数量非常多，进进出出，一副繁忙的样子，但却秩序井然，从来没有发生过"撞车事故"，也没有发生过任何冲突和骚乱。

在这个玻璃的透明世界中，黄蜂们严格遵守"交通规矩"，一律靠左出行，长长的队伍特别整齐，从未出现过混乱的局面。

为了进一步观察黄蜂遵守规矩的现象，实验者们将黄蜂的出行线路变得非常狭窄，仅仅容得下两只黄蜂同时通过。然而，尽管是这样，黄蜂依旧井然有序。

其次，实验者们还有了意外发现：一些身上没有负重的黄蜂会主动将路线让给口叼食物的黄蜂通过，而它们却爬到出行路线的墙壁上，尽量节省出更多的空间让同伴通过。

对黄蜂的实验，让动物学家惊叹不已。

动物世界中，除了黄蜂，蝴蝶也是一种非常遵守规矩的动物。在我国台湾省南部的屏东县，当地气候温暖，每年都会有很多蝴蝶飞往此地避风越冬，形成了台湾著名的“紫蝶幽谷”。

尽管有大批蝴蝶飞往这里，却没有发生过一起“交通事故”。这些蝴蝶特别有礼貌，当蝴蝶们飞到谷口，即将进入谷里时，会自动停下来，很像人类的“等红灯”行为。在这短短的时间内，蝴蝶会自动排成一列列队伍，特别整齐，从来不会出现插队和乱窜的情形。

每一列队伍最前面的蝴蝶称为领飞员，领飞员选择什么样的路线，后面的蝴蝶就会紧随其后。比如，如果它飞成一个弧形，那么后面的蝴蝶也跟着飞成一个弧形，而绝不会跳出队伍另飞一个直线。有时十几队甚至几十队蝴蝶一起飞入谷中，也不会发生任何交通事故，它们严格遵守自己的飞行“航线”，从来没有发生过任何“撞击”事件。

爸爸的讲述让浩博非常吃惊，“原来动物界还有这样的事情，真是太不可思议了。”

爸爸说：“在动物世界中，除了遵守基本的规矩之外，很多动物还有尊老爱幼的美好传统，比如白尾鹫这种专门吞食动物尸体的鸟类，在发现食物之后，会发出尖锐的声音，把自己的同伴招过来。享用的时候，它们不是一拥而上、你争我夺，而是优先照顾长者和幼小者，最后才根据排队次序享用。”

浩博说：“真是难以置信，动物会这么有爱心。”

奇趣小知识：

如果有人不小心被黄蜂蜇伤，会非常痛苦。可是黄蜂蜇人之后不久就会死去，这是因为蜜蜂的毒针是它的生殖器，它连着毒腺，还连着许多内脏。当蜜蜂蜇人之后，毒针就会留在人的皮肤上。这时，毒针所连的许多器官，诸如毒腺、内脏等都会留下来，失去了许多重要内脏的蜜蜂不多久就会因生理机能衰竭而死。

顺风耳——能听千里的神兽

有一天下午，有十多只猫头鹰落在小区几棵高大的柳树上，看样子要在这里过夜。浩博以前只听说过猫头鹰，但还从未见过。这次，他决定好好地观察一下。

经过观察，他发现这些猫头鹰个头都很大，两只翅膀展开后有30～40厘米长。这些猫头鹰头部宽大，好像矛头；嘴和爪都呈钩形，十分锐利；两只眼睛位于头部正前方，视野非常广。

浩博回到家，问："这些猫头鹰吃什么？"

妈妈回答说："它们主要以鼠类为食物。"

浩博想了想说："可是这大白天的哪里有老鼠啊，它们以鼠类为食岂不是要饿死了！"

妈妈回答说："你错了，猫头鹰是白天睡大觉，晚上才出来活动。"

浩博说："猫头鹰的视力这么好，居然大晚上都能看到老鼠？"

妈妈说："不是，猫头鹰抓捕老鼠，依靠的是它的顺风耳，稍微有风吹草动，它就能察觉到。"

聪明的小朋友，你是不是觉得很奇怪?

一直以来，猫头鹰是在黑夜里捕捉老鼠，很多人猜测，这也许是因为猫头鹰有比较发达的视觉。可事实却并非如此。

如果你仔细观察，会发现猫头鹰的眼睛又圆又大，非常有特点。它的眼睛的构造和普通的动物并不一样，白天由于日光照射，光线太强，它的视力反而特别差。因此，猫头鹰总是白天睡大觉。

当夜幕降临时，就是猫头鹰的活动时间了。它选择晚上出来活动，因为它的眼睛里感光细胞特别多，在夜间微弱的光线下看得最清楚，就像人类使用红外线望远镜。

猫头鹰属于肉食性鸟类，我们常见的老鼠、兔子、蛇和青蛙等都是它捕食的对象。猫头鹰的爪子和嘴巴非常厉害，老鼠、兔子这些小动物遇到它们只能任其宰割，毫无还手之力。

除了视觉，猫头鹰更加依赖的是它的听觉。

动物学家研究发现猫头鹰的听觉非常灵敏，在伸手不见五指的漆黑环境中活动，主要依靠发达的听觉系统。动物学家曾经做过实验：在距离猫头鹰200米远的地方，将事先准备好的录上老鼠叫声的录音机放在那里，然后放出老鼠

的声音，仅仅叫了两声，就被猫头鹰发现了，结果它一下子就发起了攻击，击中了这台录音机。

猫头鹰的听力如此发达，和它的构造是分不开的。从外形上看，猫头鹰的左右耳是不对称的，左耳道明显比右耳道宽阔，而且左耳有很发达的耳鼓。除此之外，还生长着一簇耳羽，很像人类的耳廓。

更为重要的是，它的听觉神经很发达。动物学家研究发现，一只体重500克左右的乌鸦有2.7万个听觉神经细胞，可体重只有300克左右的猫头鹰却有9.5万个听觉神经细胞。

另外，猫头鹰的脸部密集着生的硬羽组成面盘，这些面盘是它自身的声波收集器。猫头鹰硕大的头使两耳之间的距离较大，这可以增强对声波的分辨率。

在黑暗的环境中，当猫头鹰听到异响时，第一个反应是转过头，如同我们在听到微小的声音时需要侧耳倾听一样。当然，猫头鹰并不是真正地侧耳倾听，而是使声波传到左右耳的时间产生差异，从而准确地进行定位。

一旦猫头鹰判断出猎物的方位，便快速出击。尽管猫头鹰的翅膀很宽大，可它的羽毛上有天鹅绒一般的羽绒，因此扇动翅膀时产生的声音非常小，一般的动物根本察觉不到。这样无声的出击使猫头鹰捕食的成功率大大增加。

听了妈妈的讲解之后，浩博非常吃惊，他赶紧拿出照相机，要多拍几张猫头鹰的照片，给同学们看一下。

奇趣小知识：

动物世界中，蝙蝠能在黑夜自由飞行捕捉食物，依靠的也不是视力，而是利用回声定位来辨别方向。飞行时，它的口中发出声波，当声波碰到一个障碍物，比如墙壁、悬崖时，就会弹回来。蝙蝠就能够根据回声判断前面的是障碍物还是食物。

第六感——发达的第六感

放暑假的时候，浩博去了乡下的爷爷家，在那里度过了两个月快乐的时光。最令他难忘的是爷爷家喂养的那条叫黑豆的狗，它有很多神奇的本领。

有一天，浩博在做暑假作业，奶奶在一旁缝缝补补，黑豆安静地趴在门边。忽然，黑豆像发现了外星人一样，立刻坐起来，一动不动；紧接着，又蹦又跳地跑出去。

奶奶说："你爷爷从街上买菜回来了。"

浩博问："你怎么知道？"

奶奶回答说："黑豆很有灵性，你出去看看，爷爷准回来了。"

浩博半信半疑地走出门，果然在很远的地方依稀看到爷爷的身影。爷爷离家还有将近一公里，浩博也只是凭借爷爷走路的动作看出来，怎么黑豆这条狗能知道呢?

后来，他不止一次地发现，不管什么时候，黑豆都能够准确地预测出爷爷回家的时间。浩博很奇怪，难道这条狗有未卜先知的本领?

暑假开学之后，浩博回来了，经过查找资料，他总算解决了这个问题。

生活中，狗是一种非常有灵性的动物。经过动物学家的研究得知，狗有非常发达的听觉和嗅觉。它的听觉是人类的20倍，能够分辨出极为细小和高频率的声音，而且对生源的判断能力也特别强。

它的嗅觉更是了不得，它有约2.2亿个嗅觉细胞，是人类的250倍，能分辨出大约200万种物质发出的不同浓度的气味。

狗有发达的嗅觉和听觉，加上耳与眼的交感作用，所以完全能够做到眼观六路，耳听八方。当夜幕降临的时候，即使保持睡眠状态，也能够保持高度的警惕性，对周围一公里以内的声音都能分辨清楚。

发达的嗅觉和听觉似乎还不能说明它的神奇。在美国，有一只狗能够成功地预测出主人癫痫发作的时间。

在美国有个七岁的小男孩，很不幸，他天生就有癫痫病。他的癫痫病很严重，而且来得很突然，没有任何先兆。这个可怜的小男孩，饱受癫痫病的折磨，有一次发作导致突然摔倒，造成严重的脑震荡，还有很多次发作时突然倒地，摔得头破血流。

后来，小男孩的父母为他买了一条牧羊犬，和他做伴，这个办法果然很好，他与宠物相处得非常好，一定程度上缓解了他的痛苦。

这条性格温驯的牧羊犬与小男孩相处仅仅两个月，小男孩的父母就注意到一个特别的现象：有的时候，这条牧羊犬会突然离开小男孩，奔向他的父母，并咬住他们的裤脚，拽着他们向小男孩走去。大约10分钟，小男孩的癫痫便开始发作。

它的预警本领使小男孩父母心中悬着的一块大石头落了下来。忠于职守的牧羊犬使小男孩的父母有充足的准备时间，阻止或减轻癫痫的发作，避免再次

受伤。

在小男孩的癫痫发作期间，这条牧羊犬会用舌头舔他的脸，并躺在他的身旁。此后，小男孩的胸部植入了迷走神经模拟器，这种电子装置极大地减少了他的发病频率。

尽管现在的科技很发达，可对于狗能够成功预测癫痫病的发作时间依旧没有科学的解释，动物学家认为，这可能和狗发达的第六感有关系，至于原因，现在却无法解释。

聪明的小朋友们，你的家里有狗狗这种宠物吗？如果有的话，不妨也通过一些小实验，来试试狗狗发达的第六感吧！

奇趣小知识：

经常与狗接触的人都知道，狗的颈部、背部喜欢被人爱抚。但尽量不要摸狗的头顶，因为这样会让它感觉到压抑和眩晕。此外，狗的屁股和尾巴摸不得。

横行霸道——螃蟹哥出现都闪开

暑假的一天下午，浩博和几个小伙伴到河边去捉螃蟹。到了河边之后，看到清澈的河水，几个小伙伴兴奋地跳下去了。

浩博曾经听老师说过，为了减少被天敌发现的可能，加上为了减少水分蒸发，螃蟹一般都喜欢躲在石头底下。根据这个规律，浩博用力搬开一块石头，没有发现螃蟹；又搬开身边的另一块石头，还是没有。

浩博想了想，可能是浅水处的螃蟹少，去深一点的地方可能有。他向水深的地方迈了几步，搬开一块石头。哇！一只好大的螃蟹。浩博担心它跑了，不顾一切地伸手去抓。谁知道螃蟹竟然用大钳子紧紧夹住了浩博的手指，痛得他哇哇直叫，他拼命地甩，可怎么也甩不掉。

这个时候，小伙伴子林让他赶紧把手伸到水里面，终于甩掉了它。

看看手指，都快出血了，浩博再也不敢轻易下手了。

子林对他说："你这样抓肯定不行，看我的！"

说完，他从螃蟹的背面入手，一手指按住盖子，一指按住脐，轻松就把螃蟹抓住了，随即就扔到岸上。这只螃蟹并不服输，横行着想爬走。

浩博心中不禁泛起了一个疑问：螃蟹为什么横着走呢？小伙伴们没有一个能够回答出来。

后来，浩博经过在网上以及课外书上面查找资料，终于找到了问题的答案。

聪明的小朋友，你知道螃蟹为什么会横着走路吗?

经过动物学家研究发现，在以前螃蟹并不是这样走路的。它的祖先和其他动物一样，也是规规矩矩地走路。根据古化石上的记录，那时候它的头部有触角，可以像导航仪一样，依靠磁场来确定前进的方向。

可是，在地球形成以后的漫长岁月中，地磁场的南北极发生了多次变化。这种变化使很多生物都无法适应，甚至导致物种的灭绝。螃蟹也是一种古老的定向的周期运动动物，就像日常生活中常见的小燕子冬天会飞往南方过冬、春天再飞回来一样。

螃蟹的头部携带着确定方向的小磁体，对地球磁场非常敏感。由于地磁场倒转，螃蟹体内的小磁体失去了原来的导向作用。

物竞天择，适者生存。为了使自己在地磁场倒转中生存下来，螃蟹采取了“以不变应万变”的策略，干脆不前进，也不后退，而是横着走。

除了地球磁场的原因之外，螃蟹的生理特点也决定了它的行进方向。螃蟹胸部的宽度超过了长度，而且八只步足伸展在身体两侧，它的前足关节只能向下弯曲，这些特殊的生理结构特征也使螃蟹只能横着走。

当然，并非所有的螃蟹都是横行的，体形变化了，走路方式也就会相应地变化。生活在沙滩上的小型的和尚蟹，这种螃蟹的身体较窄，四对步足可以前伸，所以它们前进的方向是向前，而不是横行。

浩博了解了这些知识，在日记中写道：生活中的学问无处不在，只要你认真观察、细心探究，就能够掌握更多的科学文化知识。

奇趣小知识：

关于螃蟹，有个很有趣的传说。据说法海多管闲事，拆散白蛇娘子幸福的一家，后来惹怒玉帝。玉帝决定惩罚法海，走投无路的法海只好躲到螃贝里。如今，人们吃蟹的时候，无论取哪一只，揭开背壳来，将里面的美食吃完之后，就一定会露出一个圆锥形的薄膜，用小刀小心地沿着锥底切下，取出，翻转，使里面向外，只要不破，就会变成一个罗汉模样的东西，有头脸、身子，是坐着的样子，据说就是躲在里面避难的法海。

过目不忘——发达的记忆能力

在一本科普书上，浩博看到了这段话，觉得很有意思：

一个叫陶罗斯瑟内斯的运动员，在奥林匹克运动会上赢得了胜利，他想第一时间将这个好消息告诉他的父亲。于是，他将一只鸽子染成紫色后放出，让它飞回到琴纳家中。两天之后，他的父亲便得到了消息。

浩博问：“爸爸，信鸽怎么会有这么好的记忆力，能够记住回家的路？”

爸爸说：“这个问题到目前为止还没有一个较为科学的答案。”

浩博说：“我觉得很简单，就是鸽子的记忆力特别好。”

聪明的小朋友，你认为浩博说的话是对的吗?

在动物界中，燕子春来秋去，大雁南来北往，每次迁徙路途遥远，这些鸟类是依靠什么来导航的呢?

最开始，人们认为这是因为它们记住了沿途的高山、森林、大海和村庄。这似乎有一定的道理。后来，人们发现多数鸟类是在夜间迁徙飞行的，就认为依靠记忆力来导航的答案站不住脚了。

除了燕子和大雁之外，我们常见的鸽子也有着惊人的导航能力。据资料记载，1935年有一只家鸽整整飞行了八天，绕过半个地球，从当时的越南西贡长途跋涉地飞回了法国，全程达11，265公里，在当时这件事轰动了整个欧洲。

对于鸽子是怎样认识归家之路的，动物学家对鸽子进行了大量的研究，并根据实验的结果，总结出了一个答案：鸽子是利用太阳和地球磁场的共同作用来确定方向的。

我们知道，地球是一个巨大的磁体。

最先的研究结果认为鸽子在飞行的过程中，地球一直围绕着太阳公转。动物学家认为，鸽子之所以能够在万里之外准确地飞回家，是因为能够依靠太阳掌握方向。

为了证明这种见解，动物学家给鸽子戴上了黑色的墨镜，使它看不到太阳，也看不到地面上的物体。可是结果却是，放飞后的鸽子依然按照准确的方向飞回家。

后来，动物学家认为是太阳与地球磁场的共同作用。为了验证这种结论，动物学家在鸽子的颈部安装了一个带磁性的金属圈。在放飞之后，鸽子依旧准确地飞回家，只是花费的时间要稍微长一些。后来，在乌云蔽日的天气里将鸽子再次放飞，它便一去不复返，再也回不了家了。很显然，这是因为鸽子周围的地磁场发生了变化，才导致它失去了定向能力。

除了这个结论之外，还有一个信鸽导航论，持此种观点的人认为，鸽子的大脑内拥有一种导航仪，根据地球整日不停地自转和公转，依靠它大脑内的生物钟能正确校正时间，测量移位和方位角的变化，从而确定自己的位置和飞行定向。

除此之外，还有很多其他的论断，但具体的原因还在进一步的研究中。

浩博了解了这些知识，说："想不到我们经常见到的鸽子也有这么多的秘密。"

爸爸回答说："是啊，别小看小小的鸽子，它可是与人类的命运休戚相关的。"

奇趣小知识：

"老马识途"是我们比较熟悉的成语，比喻有经验的人对事情比较熟悉。可近年来，很多动物学家认为，老马和鸽子一样，都具备某些能够导航的能力。至于为什么老马可以，而小马不可以，又成为摆在动物学家面前的一道难题。

再世华佗——会给自己治病的神医

浩博在小区玩滑梯的时候，不小心划破了手指。他赶紧跑回家，让妈妈给他包扎。

妈妈用清水帮他冲洗了伤口，后来又用酒精消了毒。最后，妈妈用棉花签沾上薰衣草精油，涂抹在伤口上，浩博觉得伤口一阵凉爽，疼痛感消失了。

浩博说："有药就是好，能够治病。如果我是不会说话的动物就惨了，只能任由伤口疼痛了。"

妈妈笑说："你怎么知道动物不会治病？"

浩博想了想，说："对啊，现在也有很多兽医的。"

妈妈回答说："不是的，我的意思是说很多动物都会给自己治病的。"

浩博觉得难以置信，问："动物又不懂医药知识，怎么能够给自己治病呢？"

在动物世界中，很多动物在长期的进化中，不仅学会了躲避天敌，还学会了给自己治病。

最为常见的是动物园中的大象。很多时候，我们去动物园看大象时，会发现大象总是会从地下吸取很多的泥浆，喷到自己身上，将自己弄得脏兮兮的。然后，再安静地站在那里，慢慢地将泥浆晾干。晾干之后，又会用鼻子将泥浆擦掉，再重新往自己身上喷洒泥浆。

其实，这是大象的一种治病和防病的方法。大象的毛比较稀疏，很容易被蚊虫叮咬，会很不舒服。它往自己的身上涂泥巴，一来可以防止蚊虫的叮咬，二来可以预防和治疗身上的皮肤病。

洗泥浆浴并非大象的专利，河马和犀牛以及家养的猪等也有这一爱好，因为泥浆浴不仅能够治病疗伤，还能够防病。

很多动物都有给自己治病的本领，比如，我们常见的狗，狗受了伤的时候，会用舌头舔自己的伤口。这是狗治疗伤病的办法，因为舌头舔伤口，不但是对伤口进行按摩，促进气血运行，有利于伤口愈合，而且舌头上的唾液能够消炎灭菌，防止伤口感染。

其实，人类的唾液也有此功效，现代医学认为，唾液中含有淀粉酶、过氧化物酶、黏液蛋白、磷脂、磷蛋白氨基酸、钠、钾、钙、镁等物质，这些物质具有消炎杀菌的作用。另外，唾液中含有一种使人保持年轻的激素，能强化人

的肌肉、骨骼和牙齿等。

除此之外，唾液具有很强的消毒杀菌能力，能有效杀死食物中的致癌物质。唾液中还含有一种特殊的唾液生长因子，能促进人体细胞的生长分裂，缩短皮肤伤口的愈合时间，具有保护皮肤弹性的功能。

中医学认为，唾液中含有许多有益于人体健康的物质，每天吞咽自己的唾液可以防病治病、健康长寿。因此，民间又有“唾液不是药，到处用得着”的说法。

动物普遍存在一种称为断食治病的本能，简而言之，就是通过断食排毒，治好自己的病，例如大象、狮子、老虎、老鼠等动物只要一生病，就会找一个安全的地方放松下来，不吃不喝，断食排毒，自己治好自己的病。

俗话说，病从口入，各种各样的病都是因为饮食问题而出现的。当出现问题之后，同样也能够通过饮食进行治疗。例如，家养的猫，一旦病了就不吃饭，只吃一些青草补充一些维生素，开始断食排毒，从而治好自己的病。

在动物界没有医生和医院，因此它们还保持着断食治病的本能。

人和动物一样，有一些天生的能够治病的本能。但人类在进入文明社会之后离开了自然，一些治病的本能已经被医生和医院所垄断，也就逐渐失去了能够治疗和预防疾病的本能。

奇趣小知识：

很多时候，我们看到动物趴着睡觉，这是因为趴着睡不会引起脊柱错位压迫神经，不会压迫后背神经。在这方面人就不如动物，小孩会爬就趴着睡，这是天生的睡姿，大人误认为趴着睡压迫心脏，将小孩翻过来睡，这是不对的。但是大人要警惕小孩趴着睡易引起的呼吸窒息。

脱水无忧——我不会感觉到口渴

在体育课上，浩博玩得非常高兴，流了很多汗。放学之后，他飞快地跑回家，喝了满满一大杯水。喝完之后，他高兴地说："幸亏有水，不然我们就要渴死了。"

爸爸笑着说："如果把你变成熊虫，你就不用整天喝水了。"

浩博说："我才不信！我们老师说过，生命是离不开水的，不然就会有生命危险。"

爸爸说："我知道有一种动物，就非常耐渴。"

聪明的小朋友，你知道浩博的爸爸说的动物是什么吗?

我们知道生命是离不开水的，不管是植物还是动物。植物世界中，各种植物体内都含有大量的水。动物同样如此，水分占动物体重的50%～95%。以人类为例，人体一旦失去五分之一的水分，就会有生命危险。

可是有一种动物却不会，它有非常旺盛的生命力。我们知道，植物界中的"九死还魂草"能够11年不喝水还能够存活，这个本领是足够强大了。可是，这种本领和一些动物比起来，就是小菜一碟了。

动物界中的这种动物，在脱水时一动不动，对外界刺激一点反应也没有，也不进行换气，就好像死去了一般。这个时候，它们的新陈代谢就停止了。

这种动物就是动物界中有名的"不死神兽"——熊虫。

熊虫是一种无脊椎动物，它的体形非常小，需要放到显微镜下才能观察到。经动物学家研究发现，熊虫只能在潮湿的环境下生活，例如淡水环境、湿土、树干、岩山以及水分充足的青苔和地衣等环境，都是它们活动的场所所在。

这种熊虫虽然体积很小，但对生存环境的改变非常敏感。一旦它们察觉到水分不够，就会立即进入假死状态。一旦进入假死状态，它们就具备了抗高温、耐严寒的超级本领，不管是刮风下雨、雷鸣电闪，都一概没有知觉。

难以置信的是，就算是100年之后，已经变得面目全非的熊虫只要有一滴水的滋润就能够迅速复活。在极其恶劣的条件下，可以说，只有熊虫的生命力最强。经研究表明，进入假死状态的熊虫可以经受几小时零下271℃的冰冻，也能耐短期零上150℃的高温，还能经受大量的辐射和高压。

当熊虫进入假死状态时，整个脱水过程进行得非常缓慢，它会使出浑身解数来控制脱水的速度。它会将身体卷成圆筒形状，将容易失水的表皮层隐藏起来，减少水分蒸发的面积。

很明显，熊虫在脱水的环境下能够存活，是对外界干旱或者其他不利环境的一种适应。关于对脱水动物的研究，科学家已经取得了一些进展，但需要进一步探索的地方还有很多。很多人正在为揭开这个秘密而努力工作。

浩博听完之后，说："如果我们人类能够学成熊虫的这种本领，在水资源缺乏的时候就不会死亡，而且还能够节约水资源。"

爸爸听了之后哈哈大笑，说："你说的有道理，不过人和熊虫有很大的区别，很难实现。"

奇趣小知识：

我们前面提到的"九死还魂草"，并不是说它能够让人类起死回生，而是它能够让自己"起死回生"。不过，还魂草在医学方面有很大的用处，如果做成药，有止血、收敛的效果。民间的偏方是将它全株烧成灰，内服可治疗各种出血症；和菜油拌起来外用，可治疗各种刀伤。

第四章　聪明的高智商小生灵

机灵聪明——拥有聪明大脑的动物

爷爷家养了一条大狼狗，非常凶猛但十分可爱。浩博和它混熟了，每天都跟它玩耍。这条大狼狗非常聪明，让浩博印象最深的是，这条大狼狗能够帮助爷爷牧羊。

每天下午，爷爷将羊放牧到后山，便放心地回了家。爷爷根本不用担心羊会到处跑，因为大狼狗在一旁守候着。一旦发现有羊乱跑，它就会发出汪汪的叫声，把羊赶回去。等到太阳快落山的时候，这条大狼狗又会将羊赶回家。有了这条大狼狗的帮助，爷爷放牧就轻松多了。

浩博看到这一切之后，高兴地说："狗狗好聪明。"

在动物界，除了狗狗之外，很多动物都会动脑筋，它们都非常聪明。现在将这些聪明动物的行为罗列出来，让小读者们看一看这些聪明的动物。

在英国，有一只喜鹊受伤了，无法飞行，只好停留在一户人家的附近，靠吃剩菜剩饭存活。有一次，主人拿出一块干面包扔给喜鹊，喜鹊用嘴叼了一下，发现面包很硬，便叼起面包走了。没走多远，它停下来，将干面包放到盛有水的盆子里，浸泡了一会儿之后，又取出来。面包吸水后就变得柔软了，喜鹊一口一口吃掉了面包。

会动脑筋的动物不少，小猩猩就是其中一种。动物学家曾经做过一个有趣的实验：他们故意让一只小猩猩独自看到工作人员在园子中的一角埋下了香蕉；接着，又把它的十几个同伴放到园子里。与同伴在一起玩耍时，小猩猩装得一本正经，似乎根本没有发生过有人埋下香蕉的事情。三个小时后，天渐渐暗下来了，同伴们都睡觉了，小猩猩才悄悄地起身，摸黑来到墙角处，神不知鬼不觉地挖出香蕉，吃了个精光。

《乌鸦喝水》的故事很多人都非常熟悉，这说明乌鸦非常聪明。聪明的乌鸦做出过很多聪明的事情，接下来这件事就是这样。动物学家进行了一个有趣的实验，让三个实验人员冒充成猎人，故意拿着猎枪从乌鸦的巢穴旁边走过。当乌鸦看见拿枪的猎人后，它们就会躲在大树顶上不敢再飞下来。于是，这几个“猎人”当着乌鸦的面躲进草棚。

后来，走掉了一个猎人，但乌鸦没有飞下来；走掉了两个猎人，乌鸦仍旧没有飞下来；当第三个猎人离开后，乌鸦才悄悄地飞下来。

实验人员将一片肉吊在一个透明的瓶子里，看南非麻雀能不能吃到这片肉。一开始，饥饿的麻雀隔着透明的玻璃用嘴去啄这片肉。当然，这种方法根本吃不到肉。之后，麻雀站在瓶口一动不动，似乎在思考什么。忽然，它用嘴巴叼住绳子，用力往外拉。岂料这条细绳很长很滑，拉一次无济于事。一会儿之后，麻雀就动用它的脚，用脚踩住已经拉上来的细绳，再用嘴咬住，反复几次之后，这片肉就到手了。

了解了这些知识之后，浩博高兴地说："这些动物也太聪明了，和大狼狗一样聪明！"

爷爷点点头，"那你知道除了人类之外，哪种动物最聪明吗？"

聪明的小朋友，你知道问题的答案吗？

奇趣小知识：

除了人类之外，最聪明的就要数黑猩猩了。黑猩猩和人的基因有98%是相同的。它们能制造和使用工具，能够有组织地捕食，猩猩中间也存在暴力行为等。野外观察和实验室研究显示，黑猩猩不仅能感情移入，还有利他主义和自我意识。

恶作剧——有很多歪心思的鱼

浩博平时总是丢三落四，这一次被爸爸成功地捉弄了一回。

早晨起床吃完早饭后，爸爸看了看手表，距离浩博上课的时间还有一个小时，他决定帮助浩博改掉平时丢三落四的毛病。

他偷偷地打开浩博的书包，将一本带锁的日记本上的钥匙藏在兜里面，然后对浩博说："浩博，我怎么看到你的日记本上的钥匙不见了？"

浩博说："我到课桌上找一找，应该在那里。"浩博这儿找找，那儿翻翻，忙了半天也没有找到。然后又打开书包，将书包翻了个遍，已是满头大汗，可钥匙仍没找到。

爸爸故意责怪道："浩博，你看你平时总是丢三落四的，这次小钥匙又没有了吧。"说着，他走到包前，故意从书包的一角找出钥匙，笑着对他说："钥匙在这里呢！以后一定要改掉这个丢三落四的毛病。"

浩博突然呆住不动了，许久，才回过神来："原来你在捉弄我。"

爸爸说："谁叫你平时一直丢三落四的呢！"浩博意识到自己平时的坏习惯，决定改掉这些习惯。

除了人类之外，一些小动物也会搞一些恶作剧，特别是它们捕捉猎物或者抵御入侵之敌的时候。鮟鱇鱼就是最善于使用恶作剧的动物。

鮟鱇鱼又称结巴鱼，在我国的黄渤海及东海北部都可以见到。

鮟鱇鱼外形丑陋，一般体长40～60厘米，体重约300～800克，体前半部呈平扁的圆盘形，尾部呈柱形。特别大而平扁，口宽大，腹鳍短小。

鮟鱇鱼是食肉性的动物，鮟鱇鱼不经常游动，捕食的机会比较少。但它却是最擅长使用恶作剧的鱼儿。在长期的进化过程中，它的背鳍发生了变化，背上第一根刺非常细长，末端还有一根闪闪发光的皮辫。这就是它吃饭的家伙——钓鱼竿。

平时，它安静地躺在海底深处，或者将身体隐藏起来，埋进泥沙之中，却将“钓鱼竿”高高地竖起来。“钓鱼竿”的顶端有个闪光的肉瘤，当鱼儿看见的时候，以为是美味佳肴，便一窝蜂地上去抢食，急不可待地想要品尝一番。这个时候，它们就上了鮟鱇鱼的当了。鮟鱇鱼将大嘴一张，这些鱼儿就成为它口中的美食了。

动物界中，会耍恶作剧的还有生活在云南西双版纳的渔翁蜘蛛。和其他蜘蛛不同的是，它不会织网，捕食的时候，它吐出一根长长的蛛丝，最底端是一团乱丝，这就是它的“鱼饵”。当森林中的昆虫看到时，以为是自己爱吃的食物，一旦咬住，蛛丝上的黏液就会捆住它的手脚。这个时候，蜘蛛再沿着蛛丝爬下来，享受自己的美食。

聪明的小朋友，除了渔翁蜘蛛和鮟鱇鱼之外，你还知道哪些会耍恶作剧的动物?

奇趣小知识：

我们家中饲养的宠物，比如狗狗、猫猫等，它们也会偶尔耍恶作剧，只要你用心观察，一定会发现这些恶作剧的。

数学神童——会做数学题的“乖小孩”

浩博在小区的花园里发现了一个蚁窝，每天都有几百只蚂蚁外出觅食，一片繁忙的景象。

为了更好地观察蚂蚁，浩博准备了一个放大镜。

为了培养浩博的兴趣，爸爸准备陪同浩博一起观察，这让浩博非常高兴。

爸爸准备了一块面包，用刀切开大小不一的四份，一块为总体积的二分之一，一块为总体积的四分之一，还有两块为总体积的八分之一。浩博很不理解，问：“你为什么要把这些面包分开，而且还分得大小不一？蚂蚁能搬动吗？”

爸爸说：“蚂蚁的力气非常大，可以搬起比自身重20倍的物体。”

浩博大吃一惊，说：“哇！蚂蚁这么厉害。”

爸爸说：“对！这和蚂蚁本身的结构有关系。等会儿你要认真观察，蚂蚁可是大自然中的神算子，拥有超强的计算能力。”

浩博听了之后，笑了，“蚂蚁还会计算？”

爸爸回答说：“蚂蚁的数学非常好，等会儿你就知道了。”

到了外面，爸爸在有蚂蚁的地方，小心翼翼地将四块大小不一的面包全部放下，拿起放大镜认真地观察蚂蚁的活动。

其中的一只蚂蚁发现这些食物之后，在食物周围转了一圈，立即返回洞中。

爸爸说："现在蚂蚁去告诉它的同伴，让它的同伴过来搬运食物。"果然，大约10分钟以后，很大一部分蚂蚁都来到了现场，有条不紊地围在这些面包周围，开始搬运面包。

爸爸说："你观察一下面包的大小，并记录有多少只蚂蚁在参与搬运。"

浩博详细地记录下来，他说："最大的一块面包，周围有42只蚂蚁；比这块小一半的面包，周围有21只；最少的两块面包分别为10只、11只蚂蚁。"

爸爸说："计算一下，有没有发现其中的规律？"

聪明的小朋友，你发现了其中的规律了吗？

四块面包的重量，最大的为中等大的两倍，最小的为中等大的二分之一，而搬运这些面包的蚂蚁同样是呈倍数增长。这揭示了一个规律：搬运食物的蚂蚁数与每段食物的重量成正比。

很明显，报信的蚂蚁简单地对每段食物的重量和体积进行了估算，蚂蚁能有如此精确的计算能力，可见它们本领的高明了。

专家研究发现，蚂蚁的计算能力非常出色，需要一只蚂蚁就能搬动的米粒，很少出现两只蚂蚁搬的情况；需要二十只蚂蚁搬得动的食物，不会出现三十只蚂蚁搬的现象。这说明蚂蚁不会出现"人"力物力浪费的现象，事先就经过了精确的计算。

除此之外，蚂蚁对自己的行程也有着比较精密的计算。

从蚁窝出来寻找食物的蚂蚁，它们行走的过程中绝对不会出现迷路的现象，也不会出现走多久不知道路程的情况。蚂蚁在前行的过程中，对自己行走的路程和方向计算得比较精确，这是因为它们体内有一种“计步器”。

“计步器”是一种通过计算步幅长度来计算行程的装备，依靠这种“计步器”，蚂蚁能够更好地计算出自己行进的路程，同时能够找到回家的路。

除了是“神算子”，蚂蚁还是建筑专家。

蚂蚁的建筑能力，最具代表性的是在沙漠中生存的一种蚂蚁，这种蚂蚁建的窝远看就如一座城堡，有4.5米之高。里面的构建非常科学，居住场所、存放食物的地方设置分明。整体来说，里面通风、凉快、冬暖夏凉，而且牢固、安全、舒服，道路四通八达。

听完爸爸的介绍，浩博说：“我又学到了新知识，原来小小的蚂蚁还有这么大的世界。”

奇趣小知识：

蚂蚁的建筑物，坚固耐用，设计合理，很多科学家都在积极研究蚁窝的特点，这对人类的建筑物抵抗地震有很强的指导意义。

八卦阵——动物中的军事专家

看电视剧《三国演义》，当浩博看到诸葛亮摆出八卦阵，将司马懿的三员虎将戴陵、张虎、乐平层层围住，最后来个瓮中捉鳖，轻而易举地抓住他们，禁不住拍手叫好。

爸爸赞叹说："诸葛亮的八卦阵果然厉害。"

浩博也跟着说："是挺厉害，诸葛亮真厉害。"

爸爸突然想考考浩博，就说："浩博，你知道诸葛亮的老师是谁吗？"

浩博想了想，摇摇头，说："不知道。诸葛亮还有老师？"

爸爸笑着说："对呀，是哪个老师教诸葛亮摆的八卦阵？"

浩博摇摇头，回答说不知道。

爸爸说："诸葛亮的老师是蜘蛛。"

浩博大吃一惊，"蜘蛛？蜘蛛又不会说话，怎么会教他摆八卦阵呢？"

爸爸笑着说："你看过蜘蛛网吗？就是一张'八卦'形状的网，是一张既复杂又美丽的八角形几何图案。其实，在现实中，人们即使用直尺圆规也很难画出像蜘蛛网那样匀称的图案。诸葛亮的八卦阵就是由蜘蛛网得到的启发。"

蜘蛛网的中心是螺旋形的蛛丝，以环形状四散开来，看似复杂，其实秩序井然。根据科学家研究发现，蜘蛛丝是世界上最细的天然丝线，但每一根细细的蛛丝是由六股蛛丝构成的。一张看似不起眼的蜘蛛网是由六千多条细丝合并成的。

尽管蛛丝如此细，但很坚韧，它能够捆住昆虫，承担露珠和灰尘。一直以来，很多科学家都在研究蛛丝的成分，来为人类造福。

蛛丝是由蜘蛛的身体产生出来的，它和蚕有很大的不同，蚕丝是从口中吐出来的，蛛丝却不是从蜘蛛的嘴里吐出来的，而是从身体表面产生的。蜘蛛的腹部末端有三对突起的“纺绩器”，顶上有很多细孔，这些细孔通着腹部里面的许多小丝腺，这些小丝腺里含丝液。这种丝液由“纺绩器”顶上的细孔流出，一遇空气，立刻硬化，变成一条细丝。

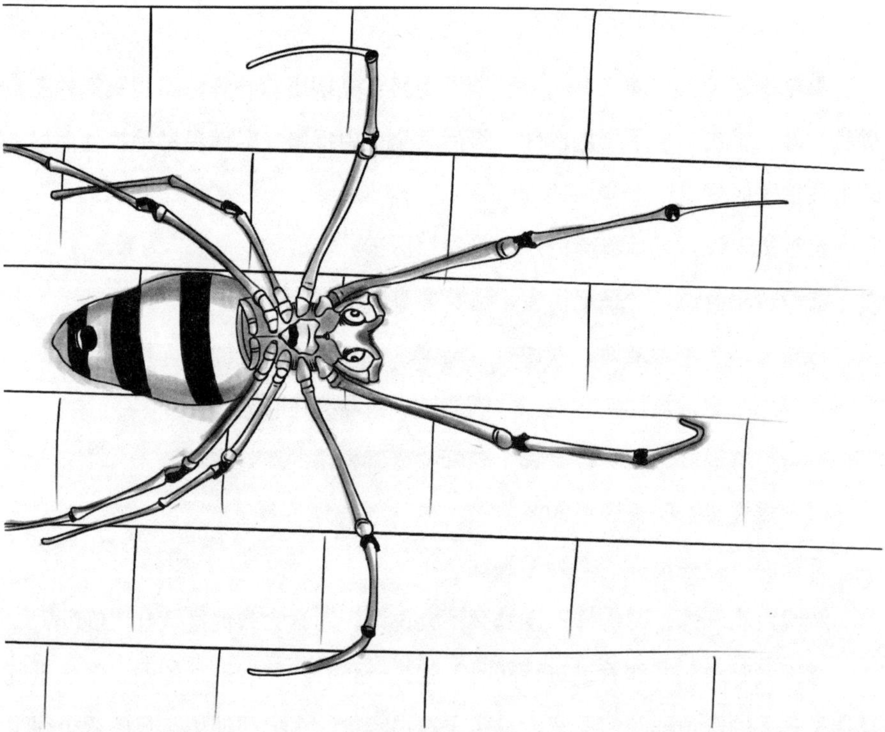

蜘蛛的种类很多，织出的网的样式各不相同，但整体而言，都是一种网的形状，即由中心一个点四散开来。从表面上看，网的形状很不整齐，有时好像一团乱丝，不过细细去看，每一条线与线之间的距离都是相等的，线线之间井然有序，绝无错乱。

蜘蛛中最为常见的蜘蛛网呈八卦形，织得非常精美。

蜘蛛织网的过程，对现代的建筑具有重大的指导意义。

首先，在织网之前，它要搭个框架作为基础。蜘蛛搭这种框架，常常表现出惊人的技巧。在地址的选择上，蜘蛛会经过精密的计算和设计。这个地址要能够搭起作为一个方形框架的四个支点，支点与支点之间，通过蛛丝搭成一个方形的框架。

其次，框架搭成后，蜘蛛就在这框架的两条横线的两个中点之间牵一条直线。直线的中点就是全网的中心点。接下来从中心点出发，以同等距离，牵出许多丝线到框架的四边上。

再次，蜘蛛由中心点牵一根螺旋线，大步地向外旋绕，直绕到周围，联结每一条丝线。

看似是漫不经心的结网，其实每两条相邻的线之间的距离都是按照固定的比值进行，从里到外呈递增趋势，而且距离非常精确。

蜘蛛网的形状，对于当今的一些城市改变交通拥堵问题具有很大的借鉴意义。

听了爸爸的讲述之后，浩博说："蜘蛛网的材料是什么做的？我能不能也做一个？"

爸爸笑了，说："蜘蛛网的材料，到目前为止，还没有科学家研究出来。你要好好学习，争取以后能够解决这个问题。"

奇趣小知识：

经过科学实验，发现蜘蛛丝的强度比同等重量的钢还要强，弹性也较高，是材料学的研究课题之一，具有产业上的潜在应用价值，可使用于制造防弹背心或人造肌腱等。

齐步走——“不走寻常路”的蛇

一场大雨过后，天气凉爽下来，爸爸带着浩博出来散步。

小区里的人非常多，大家都在享受大雨过后的凉爽天气，突然不远处传来一声尖叫，“有蛇”，这句话吓坏了很多居民。浩博和爸爸赶紧跑过去，看到了一条一米长的深褐色的蛇在小区绿化带附近“闲庭信步”。

这个消息引起很多人的热议，有一位住在底楼的用户说：“这里怎么会有蛇呢？会危害我们的生命安全的，尤其是现在，天气越来越热，晚上都要开窗睡觉，万一蛇爬进屋里怎么办？”

听到这里，浩博拉了拉爸爸的衣袖，爸爸说：“大家不要怕，在我们这里的蛇多为水蛇和菜蛇，在小区内出现的蛇应该不会有毒。千万不要招惹它，蛇一般不会主动攻击人。另外，我们小区有爬行动物潜伏，充分说明小区绿化和生态环境好，适宜居住。只要给物业打电话，让物业过来处理一下即可。”

浩博在生物兴趣课上曾经听老师介绍过蛇。蛇是一种冷血动物，爬行速度很快，和人类的步行速度不相上下，每小时八公里左右。

“爸爸，蛇没有腿怎么也能够行走呢？”浩博问。

爸爸回答说：“蛇的爬行路线是非常科学的，你观察一下蛇的爬行路线。”

浩博认真地观察了一下，发现蛇是按照曲线前进的，似乎是一个“S”形。

爸爸说：“蛇是以正弦函数的图形前进的。”

正弦函数是三角函数的一种，用图形表示如下：

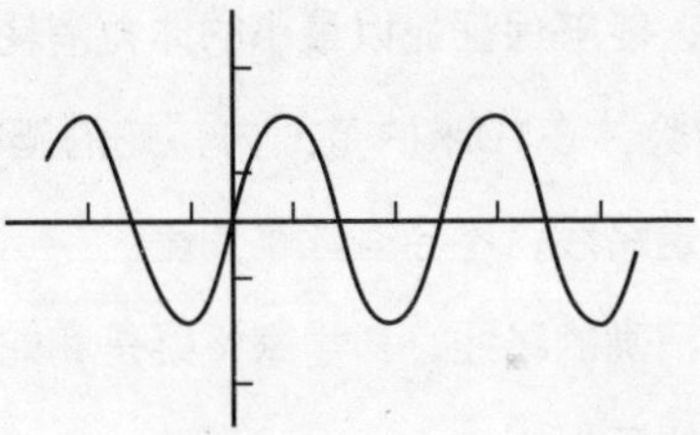

蛇的身体在地面上作“S”形状弯曲，使弯曲处的后边施力于粗糙的地面上，由地面的反作用力推动蛇体前进。

大部分蛇（响尾蛇除外，它是一种横着行走的动物，轨迹比较奇怪）在爬行时，行走的路线是一个正弦函数图形。蛇的脊椎构造像火车一样，是一节一节连接起来的，节与节之间有较大的活动余地。如果把每一节的平面坐标固定下来，并以开始点为坐标原点，就会发现蛇是按着30°、60°和90°的正弦函数曲线有规律地运动的（如图）。

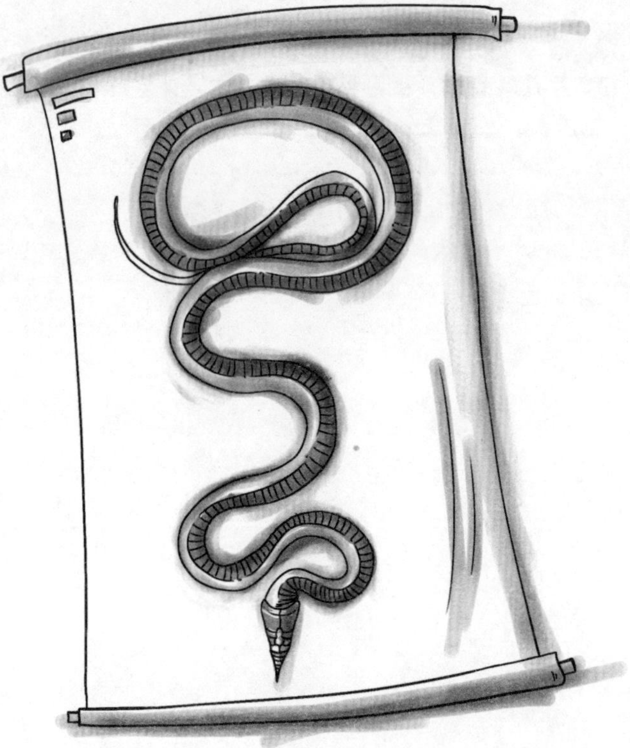

蛇的这种前行路线，能够保证蛇以最小的体力消耗，爬行最大的长度。

科学家曾经做过实验，在10米的范围内，蛇的爬行路线一直保持这种形状，且是准确地把握行走路线，不会有丝毫偏差。

为何蛇能够走如此精确的路线，科学家怀疑是和蛇的肢体构造有关系，但一直没有找到有说服力的证据。

浩博听完之后，惊奇地说道：“蛇的行走路线还有这么多的数学知识呢，真是太奇怪了。”

这个时候，物业过来了，将蛇装进一个编织袋里，送到野外去了。

奇趣小知识：

一直以来，蛇胆是否可以直接服用，人们一直争论不休。中医认为，蛇是百毒之王，它的身上有许多寄生虫。尽管蛇胆是一味中药，能够治疗很多疾病，但使用方法和用量都有严格精确的规定，不能随便服用。盲目吞服鲜蛇胆，极易损伤体内器官，诱发肝、肾衰竭。

几何专家——抱团取暖的小猫

期终考试的时候，浩博考了班级第二名，得到了一张奖状。这让姥爷非常高兴，作为奖励，他将自己喂养的小猫送给了浩博。

看到小猫，浩博爱不释手。

爸爸说："你要好好地照顾小猫，它可是了不起的几何专家呢。"

爸爸的话让浩博觉得很奇怪，说："小猫怎么成了几何专家了？"

爸爸回答说："你看小猫睡觉的时候是什么形状？"

"球形。"浩博观察了一下，回答说。

"这里也有数学知识，因为球形使身体的表面积最小，从而散发的热量也最少，这样猫身上的热量就不容易散出去。"爸爸解释说。

在现实生活中，通过减小表面积来保存热量的事例比比皆是，比如，家庭生活中常用的日光灯，里面的钨丝是螺旋状。因为螺旋状减小了钨丝的体积，有助于保存热量，使热量不易散失。

奇趣小知识：

冬天的时候，很多人为了取暖，会选择将手牢牢地抱在胸前，正是为了减少面积，减少热量的散失。

数学大师——美丽的丹顶鹤

在动物园游玩的时候，浩博被美丽的丹顶鹤所吸引，徘徊在观赏丹顶鹤的区域，迟迟不愿意离开。

爸爸问："浩博为什么这么喜欢丹顶鹤？"

浩博抬起头，忧郁地说道："我们老师曾经和我们说过一个故事，说有一个小女孩，为了救两只丹顶鹤，结果滑进沼泽，离开了人世。"

爸爸说："这个女孩非常勇敢，但她的离开，唤醒了人们保护生态环境的意识，女孩的行为很感人，很有价值。"

浩博说："这些丹顶鹤能飞多高多远？"

爸爸说："丹顶鹤能飞很高很远，而且丹顶鹤是飞行界的角度专家，它们的飞行角度和路线现在还是未解之谜。"

丹顶鹤被我们视为长寿的象征，繁殖地在中国长江下游的江苏盐城、三江平原的松嫩平原，在云南也有少量野生种群分布，主要生活在沼泽地中。

丹顶鹤每年要在繁殖地和越冬地之间进行迁徙，在迁徙的过程中，总是成群结队迁飞，排成一个"人"字形，形成一道美丽的风景。

它们飞行的角度引起了很多人的好奇，丹顶鹤以"人"字形往前飞，排列得非常整齐，动作同样非常协调，令人叹为观止。更为有趣的是，"人"字形的角度永远保持在110°，人字夹角的一半，即每一边与鹤群前进的方向的夹角度数为55° 44′ 8″，这个角度与世界上最坚硬的物质——金刚石的结晶体的角度完全吻合，因为金刚石的角度也正好是55° 44′ 8″ 。

这两种截然不同的东西，在角度上却达到了惊人的一致，且一致到角度的最小值。这两者的一致究竟是巧合，还是大自然的某种默契?

自从发现这两者的巧合后，很多科学家都在致力研究，但却一直没有找到能够说服众人的理由。

对于丹顶鹤飞行的角度为110° ，科学家经过研究，得出如下原因：

一、丹顶鹤保持这种“人”字形状的飞行，可以让丹顶鹤利用彼此间的翅膀在摆动时所产生的上升气流，从而增加滑翔时间，节约体能；

二、“人”字的编队能够增进鸟与鸟之间的交流，领头鸟发出的有关信息和命令可以畅通无阻、准确、迅速、方便地传达给这个迁飞集体中的每一个成员；

第三，这种编队有利于及时发现因体力不支而掉队的伙伴，使年幼的、体弱的、生病的同类得到大家的帮助和鼓励。

站在动物的本能角度考虑，“人”字形的队伍不但充满美感，而且显得团结，能够给天敌以一种威慑力量，使其望而生畏而不敢发起进攻，确保迁飞的安全。

大自然中，除了丹顶鹤，大雁的飞行形状同样是摆出“人”字形，还会摆出“一”字形，这同样可以从飞行过程中产生的空气动力学进行解释，这两种形状的飞行要比具有同样能量而单独飞行的大雁多飞70%的路程。

但是，大雁的角度却没有丹顶鹤的形状美观，具体的原因，还没有一致的结论。

浩博听了之后，露出惊讶的神情，说：“原来丹顶鹤身上还有这样的秘密。”

爸爸说：“大自然中的奥秘太多太多了，你一定要努力学习，争取解开更多的秘密。”

奇趣小知识：

金刚石俗称“金刚钻”，也就是我们常说的钻石，它是一种由纯碳组成的矿物，是自然界中最坚硬的物质。

天才设计师——忙忙碌碌的小蜜蜂

暑假的时候，浩博去乡下爷爷奶奶家度假。经过一个暑假的锻炼，浩博认识了很多在城市里无法看到的花花草草，每天都过得很开心。

最让他惊奇的是蜜蜂。在距离爷爷家一千米的地方，有一个养蜜蜂的人，和爷爷是好朋友，两个人经常来往，对方给爷爷送了一瓶蜂蜜作为礼物。蜂蜜味道香甜，可以补充人体缺乏的十几种维生素。

在接触中，浩博对蜜蜂产生了浓厚的兴趣，但担心被蜜蜂蜇到，只能远远地看。

暑假快结束的时候，爸爸接浩博回去上学，浩博将自己的见闻告诉了爸爸。

爸爸说："其实，小蜜蜂还有一个秘密，是你没有发现的，它是天才的设计师。"

浩博非常不理解，说："小蜜蜂这么小，怎么能做设计师呢？"

爸爸回答说："蜜蜂是当今世界上最令人敬佩的设计专家。它们具备极高的天赋和本能，能够用最少的材料，设计并建造最大最牢固的蜂房。"

通过观察发现，蜜蜂的巢房是由一个个正六角形的中空柱形状的单间房，房口全朝下或朝向一边、背对背对称排列组合而成。正六角形房室之间相互平行，每一间房室大小统一、上下左右距离相等。每一个房室直径约0.5厘米。房与房之间紧密相连，整齐有序，都是以中间为基础向两侧水平展开。

蜜蜂的巢房整体上从房室底部至开口处有精确的13° 的仰角，这可以有效防止蜂蜜流出。除了这个功能之外，当气候炎热、蜂巢内温度升高时，13° 的仰角可以恰到好处地帮助工蜂在蜂巢入口的地方鼓动翅膀扇风，使巢内的空气流通并变得凉爽。13° 是恰到好处的角度，完全符合空气流动的规律。

另一侧的房室底部与这一面的底部又相互接合，由三个全等的菱形组成。

19世纪初，瑞士数学家塞莫尔经过十几年的研究，发现正六角柱中，底部由三个全等菱形组成，最省材料的做法是，菱形两邻角分别是109° 26′ 和70° 34′，在固定容积下，可有最小表面积。而蜜蜂巢室底部的菱形的两个邻角分别是109° 28′ 和70° 32′，和塞莫尔的理论证明结果仅差2′ 而已。

此外，巢房的每间房室的六面隔墙宽度完全相同，两墙之间所夹成的角度正好是120°，形成一个完美的几何图形。

蜜蜂的巢房为什么要设计成正六角形，而不是正方形或者其他形状呢?

科学家们研究发现，正六角形的建筑结构，密合度最高、所需材料最简、可使用空间最大，一个不大的巢房，可容纳数量高达上万只的蜜蜂居住。除此之外，正六角形的各方受力大小均等，容易将受力分散，从而避免压垮巢房。

巢房呈现的正六角形结构，展现出蜜蜂惊人的数学才华，令许多建筑设计师们自叹不如、佩服有加。

百余年来，许多建筑设计专家一直在潜心研究蜂巢的设计特点，以帮助人类建造出最适合人类居住的房屋。在蜂巢结构的启示下，人们创造性地采用各种蜂窝结构技术和产品，它们具有结构稳定、用料省、覆盖面广、强度高和重量轻等众多优点。

例如，在移动电话通信领域，按蜂窝结构设置机站的位置，能以最少的投资覆盖最大的区域，并使机站内的手机获得最好的通信信号。以蜜蜂巢房结构为基础的蜂窝技术已被广泛用于航空、航天、通信、建筑等领域，并越来越被人们重视。

奇趣小知识：

蜜蜂不仅是天才的设计师，还是天生的舞蹈家。经过科学家研究，当充当侦察角色的蜜蜂回来跳起“8”字舞时，实际上在表示食物的方位。根据研究，将“8”字的角度和太阳在天空的位置结合起来，是最科学的方向指导仪器，精度甚至超过指南针，因为指南针在特定的环境下会失去作用。

第五章　挖苦心思的自我保护手段

隐身不见——动物世界中的隐身法

浩博爸爸的公司在一家五星级大酒店开年会，每一位员工都可以携带家属。当晚，浩博和妈妈作为家属，跟爸爸一起参与年会。

星期六的晚上，他们刚进酒店，就看到门口放着一个大鱼缸，里面有各种各样的鱼儿，浩博看得目不暇接。忽然，浩博看到里面漂浮着几片树叶，一动不动。浩博认真地看了一下，发现又不怎么像树叶。

爸爸走过来说："浩博，你是不是在欣赏鱼缸里的'树叶'？"浩博点点头。爸爸笑着说："那根本就不是什么'树叶'，那是鱼儿的隐身法。不信的话，你再认真看一下。"

浩博仔细地观察了一下，发现那几片"树叶"竟然"飘动"起来。

浩博觉得很奇怪，问："爸爸，这是什么鱼？真有意思，看起来真像树叶。"

金鱼缸里面看起来很像"树叶"的鱼，叫叶形鱼，叶形鱼是生活在南美洲的亚马孙河里的鱼类。它的身形非常小，从头到尾不超过10厘米。它的体形也非常特别，身体扁扁的。它的头部前部长着一个尖形的颌首，看起来很像树叶的叶柄。加上它身上的横线，看起来很像叶脉。乍看上去，它和树叶一模一样。

叶形鱼没有锋利的牙齿，也没有强大的生命力，而且叶形鱼的数量非常少。尽管如此，它们也从未因为数量少和体形小而被大自然淘汰，正是因为它们这种很像树叶的特殊的体形。

更令人称奇的一点是叶形鱼很少被渔民捕到，很多人不明白它是怎么做到的。事实上，它的自身保护方式看起来十分简单，但真正做起来又十分困难。它保护自身安全的方式就是隐身不见，隐身在树叶杂质之中。

当叶形鱼被渔人用渔网捞起时，它不会像其他鱼那样猛烈地挣扎，而是一动不动，就像真的是一片枯叶一样。而渔人也往往被它的障眼法所迷惑，在清理渔网时，随手捡起来扔掉，不去理会它，叶形鱼也就因此死里逃生……

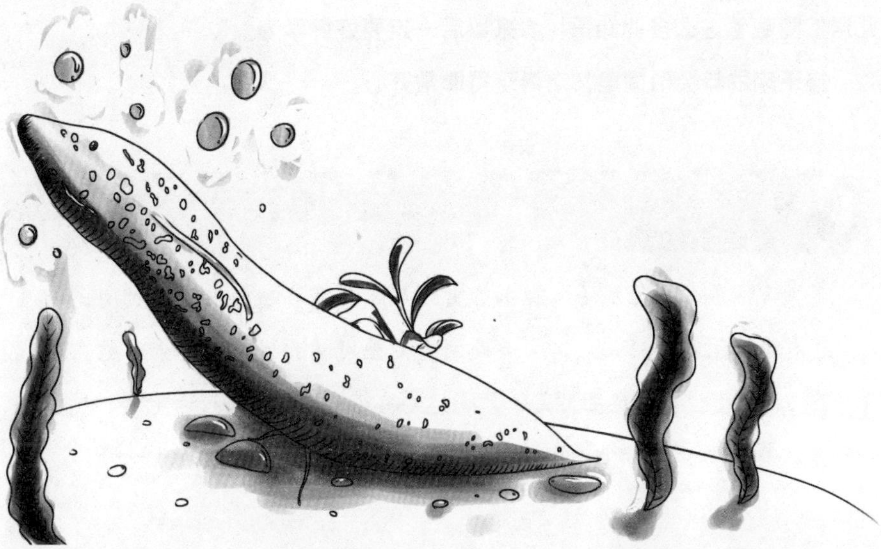

叶形鱼体形小，也没有锋利的牙齿，因此它以捕食更小的鱼和昆虫为生。它的捕食方法非常有特点，当它捕食的时候，它会躺在水中一小时、一天，甚至更长的时间而不动声色。当有猎物靠近它的时候，它会仔细地甄别猎物的大小和强弱，只要比它大一点或是性情凶猛的目标，它宁愿继续等也不愿冒险触及。对于它认为可以攻击的猎物，它也不会鲁莽行事，而会来个突然袭击，十拿九稳地把猎物捕获。因为有这样的冷静与果断，叶形鱼才能在身材、力量都不占优势的情况下捕到食物。

在动物界，动物拥有的每一项生存技能都能够使自己的安全提高一个层次，进而提高繁殖的成功率。这个简单的事实使各种动物进化出许多特殊的适应能力，这些能力可以帮助它们觅食，并使它们避免成为其他动物的食物。天生的隐身术是动物用来对付天敌和猎物的藏身之术，也是应用最广泛且变化最丰富的适应能力之一。

在动物界中，和周围的环境“合二为一”是最有效的防御方法。除了叶形鱼之外，梅花鹿、松鼠、刺猬、蜥蜴、青蛙等都具有这种能力，但叶形鱼的技能明显要更高一筹。

了解了这些生存技能之后，浩博高兴地说：“真是想不到，这种小小的鱼儿居然隐藏着这么多的知识！看来以后一定要好好学习。”

接下来的年会时间里，浩博玩得非常开心。

奇趣小知识：

动物界中变色龙的隐身本领更加厉害，能在短短20秒的时间内使身体的颜色发生变化。这主要是因为变色龙体内发达的色素细胞在神经的刺激下会在各层之间交融变换，实现变色龙身体颜色的多种变化。

斑马线——遇到斑马线要慢行

浩博和妈妈一起推着购物车往回走，购物车上装着满满一车的生活用品。经过斑马线的时候，妈妈认真地看了看来往的车辆，才小心地走过去。

浩博说："妈妈，过斑马线你为什么这么紧张？"

妈妈回答说："这段路地处繁华地段，过往的机动车、行人流量较大，和旁边的路口距离较近，很容易出事故。"

浩博说："有斑马线就行了吧？"

妈妈回答说："尽管有斑马线，可是过马路还是要小心。"

浩博突然想到了一个问题，他问："妈妈，斑马线是怎么来的？为什么要叫斑马线呢？"

聪明的小朋友，你知道斑马线的由来吗？你知道斑马身上的条纹是怎么回事吗？

文章中所说的斑马线，是指在城市街道的人行横道上的一条条白线。关于斑马线的由来，最早要追溯到古罗马时期。古罗马繁荣时期，庞贝城的一些街道上，马车和行人交叉行驶，互不相让，经常使市内交通堵塞，还不断发生事故。

古罗马政府为了防止拥堵发生，便将人行道与马车道分开，并把人行道加高，还在靠近马路口的地方砌起一块块高出路面的石头，当时称为跳石，作为指示行人过街的标志。

这样之后，行人就可以踩着这些跳石，慢慢走过马路。马车运行时，跳石刚好在马车的两个轮子中间。

这种方法一直持续到19世纪末期，随着工业革命的发展，汽车越来越多，过往的那种跳石已无法避免交通事故频频发生。后来，英国人在街道上设计出了一种横格状的人行横道线，规定路人横过街道时，只能走人行横道，于是伦敦街头出现了一道道赫然醒目的横线，看上去这些横线像斑马身上的白斑纹，因而人们称它为斑马线。

后来，交通部门又规定，驾车司机在看到这些斑马线时，一定要自动减速前行，让行人安全通过。由此，斑马线便传播到世界各地。

斑马线主要是根据斑马的条纹来设计的。别小看斑马身上的条纹，这可是斑马的“护身符”，它的存在有两个好处：

1.斑马身上的黑白条纹在太阳光或者月光下的照射下，吸收和反射的光线各不相同，这样可以使斑马具备“隐身术”，它的身体轮廓变得模糊起来。当狮子、猎豹、老虎出没时，很难将它同周围环境分辨开来，也就不容易被猛兽发现了。

2.斑马身上的条纹可以帮助它抵御采采蝇的叮咬。采采蝇是一种传播昏睡病的有害昆虫，它依靠吸动物的血液生存，经常叮咬马、羚羊和其他草原动物。一旦叮咬，这些动物就会无精打采，免疫力降低，发生痉挛，最后嗜睡以致昏睡，一般两年左右就会死亡。而斑马却很少被骚扰。这是因为黑白条纹会使采采蝇眼花缭乱，从而自动飞走。

动物学家研究发现，斑马的斑纹是在漫长的自然选择中逐渐形成的。一些条纹不太明显的斑马，容易暴露目标，先后成了猛兽的腹中之物；而条纹明显的斑马，由于适应环境，最终生存下来。

平时我们看到的斑马，条纹看起来都差不多，其实并不一样。如果你仔细观察，你会发现没有两只斑马的条纹是相同的。这是因为，在胚胎发育的过程中，由于斑马身体各部分伸展扩大的程度不同，生下来的小斑马身上的条纹便宽窄不一，不完全一样了。

明白了这些知识之后，浩博高兴地说：“我一定要在班级里普及关于斑马线的知识，让更多的同学了解这些。”

奇趣小知识：

近年来，立体斑马线开始在马路上出现，这种斑马线采用白、蓝、黄三种颜色涂料，让斑马线产生立体效果，而且即便晚上也能清楚看见。立体的感觉能增加司机对于马路交叉点的注意，有效减少了交通事故。

魔术师——会变魔术的动物

浩博和爸爸一起去看魔术表演。浩博看到了魔术师将一幅画放在那里，当魔术师的手挥过之后，原来一幅美丽的油画顿时变了颜色。原来的画是一幅冬天的景色，雪白的世界，几棵干巴巴的树上落满白雪，树下地面、树后远山也都为白雪覆盖，突然变成了一幅秋天的景象，出现了片片黄色的树叶，原来被白雪覆盖的世界不见了。

接下来，魔术师接着又挥了挥手，整个画面变成了夏天，一幅绿油油的景象，原来的黄色的树叶不见了，远山含烟滴翠，最后终于变成了一派绿茸茸的夏天景色。这个魔术让现场所有的观众都目瞪口呆。浩博一路上都在感叹魔术师太神奇了，居然可以让四季呈现在一幅画里。

他好奇地问："爸爸，你知道这个魔术是怎么变出来的吗？"

爸爸说："这个魔术的奥秘就在作画用的原料。这种原料是氯化钴。这种物质的颜色会随着温度的变化而变化。"

浩博点点头。爸爸说："你最近不是喜欢各种动物趣闻吗？其实，动物也会变魔术的！"

浩博问："真的吗？"

聪明的小朋友，你知道哪种动物会变魔术吗？

动物界中最厉害的魔术师要数乌贼了。乌贼是生活在海水中的软体动物，它的身体看上去像个橡皮袋子，还长有一船形石灰质的硬鞘，内部器官包裹在袋内。

生活在海水中的乌贼，一旦遇到危险，比如被海豹、海狗等围剿的时候，乌贼会左右招架，时而喷出浓厚的墨汁，时而用触手拼命抽打。如果无法突出包围的话，乌贼就要施展它独一无二的“魔术”了。

几乎是转瞬之间，乌贼就从海狗或者海豹的包围圈中消失得无影无踪，即便是人到了那里，也很难找到它。

乌贼究竟跑到哪去了呢？原来，它变了个很厉害的魔术，将自己变成了珊瑚礁的颜色，沉到下面去了。原来，乌贼有一种神奇的本领，原本黑色的身躯，转眼之间就变成了浑身褐色、赤红或者黄色。

乌贼怎么会变色呢？

经过研究，动物学家发现乌贼鱼的表皮上有红、黑、褐等色素细胞。这些色素细胞的周围有放射状的肌纤维丝，可以使色素细胞伸缩自如。

于是，乌贼通过自身的神经调节，就可以根据周围的环境，随身所欲地作出改变，改变自己身体的颜色。

当然，这种变色的技能和喷墨一样，不到关键时候是不会轻易使用的。因为它储存色素需要相当长的一段时间，而且每一次变化，对自身也有很大的伤害。

了解了乌贼的知识之后，浩博高兴地说："原来乌贼还有这么多的秘密呢，看来下次一定要好好研究一下乌贼。"

奇趣小知识：

前面提到的氯化钴，它的颜色随着温度的升高，色彩会发生相应的变化，这个性质在明朝时期就已经被一些人掌握。据史料记载，当时有画家能够让画在蜡烛前面变色，就是因为当时的作画材料是氯化钴溶液。

越狱为王——没有跨越不了的障碍

到动物园游玩的时候，走到金丝猴馆、猿猴馆的时候，浩博非常高兴，他看到各种各样的小猴子在上蹿下跳，有的猴子还冲行人招手、打招呼呢，浩博很高兴地玩了一圈。

在坐下休息的时候，他注意到这几个猴馆的顶部都用铁丝网给罩住了。

他问："这些馆为什么要罩上？是不是怕他们'越狱'？"

爸爸点点头，说："全国各地的动物园经常有猴子集体'越狱'的事情发生，一旦猴子'越狱'了，就会非常麻烦。"

浩博迫不及待地说："爸爸，你赶紧给我说说猴子'越狱'的事情。"

中心公园曾经发生过猴群集体"越狱"的事情。当天晚上，关在2号笼子的大母猴将笼子打开，还唆使其他笼子的猴子一起逃走。

为什么这只大母猴能够成功地打开笼子门呢？原来，这只大母猴非常聪明，它一直都在认真地观察饲养员打开笼子的一举一动，并将这些动作熟记于心，并不断地进行尝试，终于在一天晚上成功地打开笼子门。

打开自己的笼子门之后，它又将其他笼子中的猴子全部放出来。这些被放出来的猴子在痛痛快快地玩耍一通之后，由这只母猴使出浑身本领打开猴馆的大铁门，一群猴子在大母猴的带领下，一溜烟地越过围墙，逃之夭夭了。

第二天，当饲养员走进猴馆时才发现猴子全部逃走了。不过，此时的园中还有一些恋"家"的猴子在园内与其他动物玩耍，甚至有几只猴子居然跑进了犀牛馆里。铁笼外的几只猴子不时逗打铁笼里的犀牛。当笼里的犀牛发怒时，笼外的猴子又一溜烟跑开，气得笼中的犀牛乱蹦乱跳，发出很低沉的警告声。

当天，更有趣的事情是，当游人在园中游览时，不时会遇到猴子。这些猴子非常调皮，发现了游客手中装有食物的塑料袋，会伸手要吃的，有的趁游客不注意，上前翻看游客的包包，有的干脆硬抢食品。猴子的这些行为逗得游客哈哈大笑。

园中的管理人员心急如焚，他们担心猴子进入市区捣乱，或者受到伤害。怎样将这群“逃犯”抓捕回笼子呢？如果用麻醉枪的话，可能会弄伤这群猴子。最后，管理人员根据猴子的生活习性，制订了一个详细的“抓捕”计划。

管理员为猴子准备了丰富的水果，这些水果都涂上了蒙汗药，再将这些水果摆放在园中的各个角落。夜幕降临时，这些外逃的猴子大多已经非常饥饿，它们纷纷回到园中寻找食物，看到到处摆放着水果，非常高兴，抓起水果就往嘴里面塞。

半个小时之后，药性发作了，吃了蒙汗药的猴子都迷迷糊糊地躺倒在地上，只能束手就擒了。

对这些猴子检查之后，发现绝大多数“逃亡”的猴子都被捉拿归案，只有一只还外逃。这一只就是猴子集体逃亡的始作俑者——大母猴。

管理人员似乎并不着急，他们有把握在三天之内抓住这只大母猴，因为它的孩子——一只幼猴已经被抓住了。猴子和人类一样，对自己的孩子有很深的感情。果然，几天之后，那只母猴日夜思念着自己的孩子，忍受不了思子的痛苦，最终自投罗网。就这样，为期一周的群猴越狱的风波平息下来了。

猴子越狱的风波表明，猴子有很强的模仿能力，能够通过认真观察进行模仿，也能够在模仿的过程中解决遇到的困难。

听完了爸爸的讲述，浩博高兴地说：“猴子居然这么聪明啊，真是不可思议。”

爸爸说：“猴子虽然聪明，但毕竟是动物，有些活动受到很大的限制。”

奇趣小知识：

猴子有的时候很聪明，但有的时候又很笨。在非洲，当地的土著居民抓猴子的方法非常简单。他们在土堆上挖一个洞，使洞口刚好跟猴子的前肢一样粗，保证猴子的手可以在摊开手掌的情况下伸进洞去。然后在里面放一些猴子爱吃的食物。猴子发现洞里的食物时，就伸手进去抓，但当猴子紧握着满是食物的拳头时，手就无法再退出洞口。这时候，当地的土著居民就会跑过来把猴子抓住。奇怪的是，猴子自始至终都不会松开握着食物的拳头。

神龙摆尾——令人大吃一惊的技术

暑假到了，浩博去爷爷家过暑假。晚上的时候，全家人都在院子里乘凉。老人笑、小孩叫、青年闹，好不热闹！浩博扇着扇子，在院子中走来走去。

突然，他发现灯下面有几只灰不溜秋的小东西，走近一瞧，原来是正在觅食的壁虎。浩博十分惊讶，愣了好半天。

这时浩博的脑海里出现了一连串的问号：壁虎为什么会在灯下面出现呢？难道它不怕蚊虫叮咬吗？他左思右想，还是百思不得其解，只好去请教爸爸。

他问：“爸爸，壁虎为什么会出现在灯下面？难道它不害怕被蚊虫叮咬吗？”

爸爸随他来到灯下面，看了看那几只壁虎，笑了笑说：“浩博，壁虎不但不害怕蚊虫叮咬，还专吃蚊、蝇等害虫。它不咬人，也不破坏其他什么东西，你不要伤害它。而且据迷信的人讲，这是宅居兴旺的征兆。”

浩博说：“原来它对人类有好处的，能够吃蚊蝇，真厉害。”

爸爸笑着说：“其实，它还有更厉害的本领呢。”

聪明的小朋友，你知道壁虎有什么更厉害的本领吗？

在我国，壁虎是一种常见的动物，经常寄居在墙壁或者房檐下的缝隙里，依靠吃蚊、蝇、蛾等小昆虫生存。

由于经常与人类接触，它很容易受到人类和蛇等动物的伤害。当壁虎遇到危险时，它会采取一种丢卒保车的方法，就是断落自己的尾巴，然后逃走。尾巴在断落之后，由于神经没有死，还会不停地动弹，这样就可以用分身术保护自己逃跑。

可能你会问，壁虎的尾巴为什么能够断落呢?

这个问题的答案，就是壁虎尾椎骨中有一个很明显的光滑的关节面，这个关节将前后半个尾椎骨连接起来。和整个身体比较起来，这个地方的肌肉、皮肤、鳞片都比较薄弱，并且非常松散。因此，当壁虎遇到危险、受到攻击时，就可以剧烈地摆动身体，通过尾部肌肉强有力的收缩，造成尾椎骨在关节面处发生断裂，以此来逃避敌害。

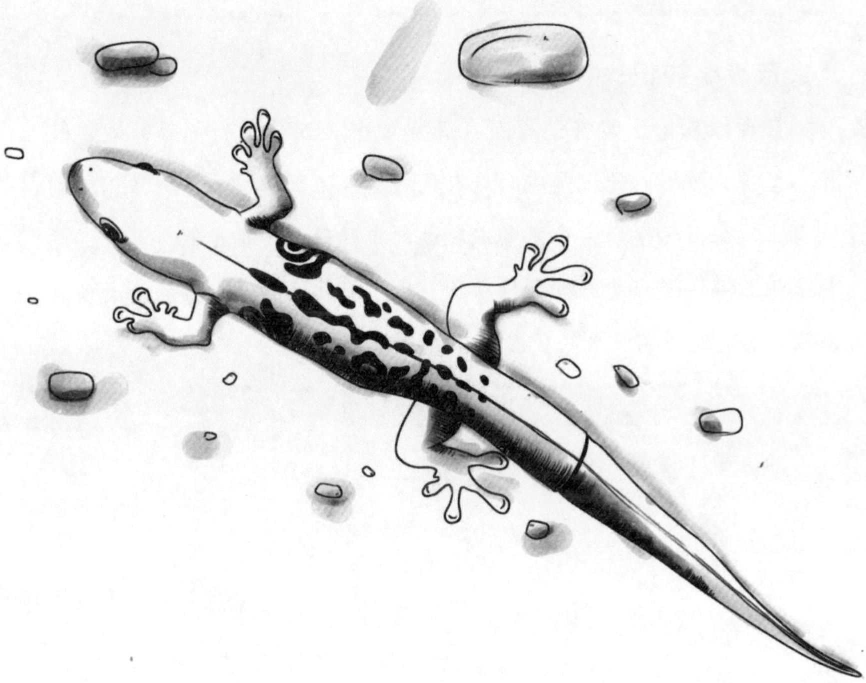

刚掉下来的尾巴，由于是以糖原的形式而不是单纯以脂肪的形式贮存能量，而糖原比脂肪更容易释放能量，所以刚断下来的尾巴的神经和肌肉尚未死去，会在地上颤动，可以起到转移天敌视线的作用。

壁虎的尾巴断落之后，会怎么样呢? 还能再生长出来新的尾巴吗?

当壁虎的尾巴断落之后，断残面的伤口很快就会愈合，形成一个再生基点，经过一段细胞分裂增长的时期，然后转入形成鳞片的分化阶段，最后长出一条崭新的尾巴，但与原来的尾巴相比，显得短而粗。

当然，壁虎只有在迫不得已的时候才会断尾，因为断尾毕竟会使它的身体受到严重损伤，会失去尾巴上储存的脂肪。

了解了这些知识之后，浩博恍然大悟。原来，壁虎还具备这种少见的逃生技能呢。了解了壁虎的秘密之后，浩博兴奋得一蹦三尺高，心里甭提多激动，就像哥伦布发现新大陆一样欣喜。

奇趣小知识：

自古以来，民间将壁虎列入五毒之中。五毒指的是蝎、蛇、蜈蚣、壁虎、蟾蜍。传说壁虎的尿有剧毒，入眼则瞎，入耳则聋，滴到人身上就会引起溃烂，吃了壁虎爬过的东西便会中毒死亡。其实，这根本不正确，壁虎是一种爬行动物，除了有些品种是带毒的，大多数都没有毒。在中国常见的壁虎，都是没有毒的。

第六章　走进动物世界的通信手段

手语交流——忽闪忽闪的对话方式

浩博在《小学生必读》上看到了“车胤囊萤”的故事，说的是一个叫车胤的人，年幼时非常聪明，勤奋刻苦。他白天帮助家里忙农活，晚上便刻苦读书。由于家境贫寒，他常常没钱点灯，书也读不成了。

一个夏天的晚上，车胤坐在院子里默默背诵着读过的书上的内容，忽然发现院子里有许多萤火虫一闪一闪地在空中飞舞。他心中一动，要是把这些萤火虫聚集在一起，借它们的光不就可以读书吗？于是，他开始捉萤火虫，捉了十几只，把它们装在白纱布缝制的口袋里，挂在案头。他借助萤火虫发出的微弱的光，日夜苦读，终于成为一个很有学问的人。

在我们的生活中，发光的物体一般会产生热量，比如我们家用的日光灯。可萤火虫不会发热，因为它的发光是两种物质相互作用，大部分的能量都转化为光能，所以它的身体不会发热。这种现象在科学上称为冷光。另外，萤火虫本身也可以通过控制进不进行这样的作用来控制发不发光。

萤火虫为什么要发光呢？动物学家研究发现，这是它们之间的沟通方式。和人类一样，人类通过语言、眼神以及肢体动作进行沟通，萤火虫则通过发光的身体进行沟通。

动物学家研究发现，同一种雌雄萤火虫能够通过闪光互相联络。比如，以很准确的时间间隔，身体发出“亮、灭、亮”的信号，这是告诉同类“我在这里”，同类得到信息之后，会给出相对应的回应，身体的变化则是“亮、灭、亮、灭”的回答，表示“我过去！”在飞行的过程中，它们会不断地放出这种信号，保持联系，直至最终飞到一起。

想验证这个结论很容易，夏天闷热的时候，到郊野去实验一番：将手电筒一明一暗，发出闪光，很快就有萤火虫接到信号，向你飞过来。

同人类一样，萤火虫之间的交流方式也非常复杂，既有平时日常生活中的平凡交流，也有异性之间爱慕追求的方式。

近年来，由于城市化和土地开发，以及农药的滥用，导致萤火虫的栖息地及生态遭到严重的破坏，造成了萤火虫的数量急剧减少，有些种群的萤火虫甚至到了灭绝的边缘。

奇趣小知识：

别小看小小的萤火虫，它可是食肉类动物，幼虫阶段主要吃蜗牛、田螺和贝类，变成成虫后，它们则完全变成了素食主义者，不再吃肉，仅仅喝点露水或采些花蜜，直到最后活活饿死。

发电报——用无线电代替语言

在水边玩耍的时候，浩博发现水面上有一种昆虫在随心所欲地行走，根本不会沉下去。好奇的浩博探过身子，想看清楚。没料到，他刚靠近，那个昆虫就箭一样逃走了。这种水上行走的动物是什么呢？他不得而知，跑去问爷爷。

爷爷说："那叫水拖车，能够在水面上自由行走。"

浩博想了解更多的知识，可是爷爷的知识有限，浩博只好自己去查找资料。

通过上网查询，浩博了解了这个叫"水拖车"的昆虫的秘密。

水拖车又叫水黾，身长五厘米左右，体形细长，全身黑色，有六条细长的腿，动作十分灵活。水黾为什么能够在水面上随心所欲地行走，而不必担心落入水中呢？

这是因为水黾的身体表面有一层防水鳞片，就像穿了一件防水的油脂一样，保证它的身体不会被水浸湿。它的六条腿上有纤毛，这种毛不会沾水。另外，它的脚上还能够分泌出油脂。

当然，这些并不能够完全支撑水黾在水面上随心所欲地行走。还有一个原因，是因为水面有张力。水的表面有一层膜，只要它不被破坏，就能撑起一枚一分的硬币。借助这一切，水黾就能够在水面上自由地行走了。

水黾能够在水面上行走，有很多小知识。除了这个知识，水黾之间的沟通方式，更有趣味性。

动物学家在研究动物之间如何沟通时，水黾的一些特点引起了他们的注意。动物学家发现，水黾停留在水面上时，会用它的两只前足有节奏地叩击水面。这时候，平静的水面会泛起微微的波光，并慢慢向四周扩散，形成一个又一个同心圆。

如此反复的动作之后，就会有水黾向这边划过来。划一段，停下来，也叩几下水面，然后再划一段。这个不寻常的现象，立即引起了动物学家的注意。

他们经过研究，发现了问题的答案：水黾是在利用它们特有的语言进行沟通，那些通过振动水面产生的微波，就是水黾的“语言”。

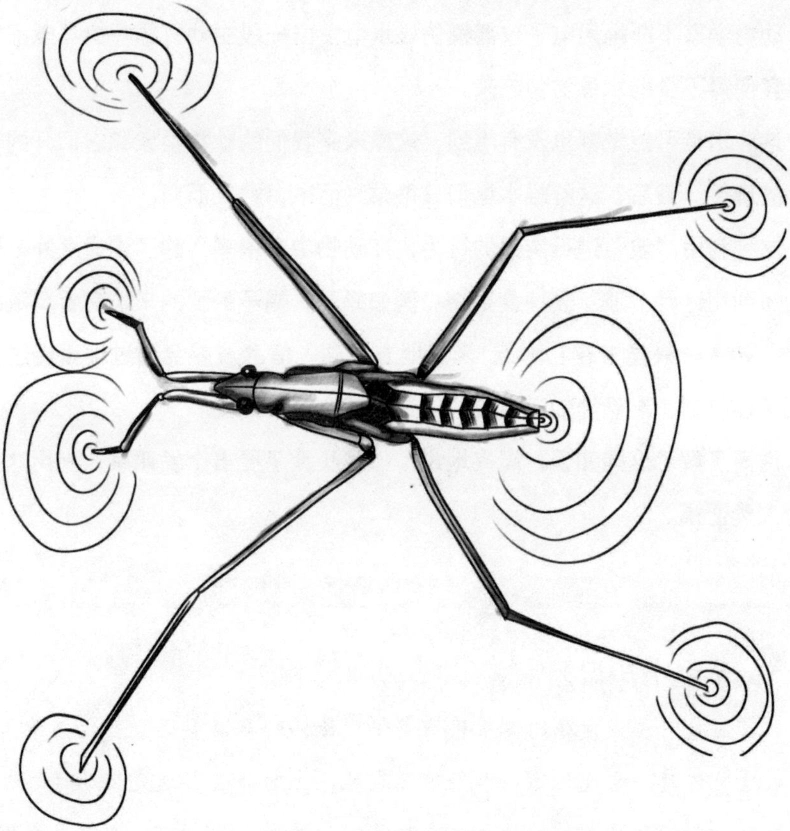

经过长期的观察和研究，动物学家终于揭开了问题的答案，它们的语言就是“发电报”，这和人类早期的沟通方式发电报很像。当水黾发电报时，会通过振动水面发出信号，而振动水面的频率不同则预示着沟通的内容不同。例如，当振动水面的频率为每秒钟25次时，这是一种主动打招呼的信号，就像是人类的“有人在吗”；收到这种“电报”以后，同类水龟会立即“回电”，它的电文是每秒钟振动水面22次，并且是一边“发电”，一边向“发电者”划过去，直到相会。

为了验证这种结论，动物学家还给水龟开了个玩笑。动物学家制作了一只小巧的电子仪器，把它安装在池塘里，通过岸上的无线电遥控器遥控，用这只电子仪器模拟水龟“发报”。电子仪器发出的假“电报”和真“电报”一模一样，简直能够以假乱真。

动物学家不断地用电子仪器模仿雄水龟发出一段主动打招呼的“电报”，结果竟使得不少的水龟匆匆赶来。

这些水龟可能做梦也没有想到，这原来是我们的动物学家和它们开的一个小小的玩笑。最后，这群雌水龟们只得乘兴而来，败兴而归。

这种利用“波”进行沟通的行为，在动物中有很多。除了沟通之外，很多动物还利用这种“波”去捕食猎物。例如蝎子，蝎子的腿的末端有着灵敏的感受器，如果一只昆虫在它附近1米的地方活动，信息波就会通过地面传过来，被蝎子接收到，准确地知道昆虫的位置，就会前去捕捉。

浩博了解了这些知识，高兴地说：“我长大了要当个发明家，利用这些知识为人类造福。”

奇趣小知识：

生活中，声音在固体中比从空气中传播的距离要远。我们在看古代战争片时，会发现有些人经常趴在地面上听声音，这是因为通过大地可以探听到从更远的地方传来的马蹄的声音，这样可以更早地发现敌人的行动。

音乐会——别开生面的水下音乐会

暑假的时候，爸爸带着浩博去海洋公园观赏了一场水下音乐会。海洋公园邀请了世界各地的潜水爱好者在鲨鱼展缸中进行水下音乐表演。这些“海底音乐家”以珊瑚为舞台，以鱼儿为伴，表演吉他、小提琴、二胡等各式乐器。美妙的音乐加上海底的风景，让浩博看得如痴如醉。

表演已经结束了，可浩博还是意犹未尽，他不停地赞叹：“好美的风景，好动听的音乐。”

爸爸说：“你以后要好好学习，如果下学期还能够考前三名，我就带你去风景名胜区——九寨沟。”

浩博摇摇头，说：“我还要来看海底音乐会，这太美了。”

爸爸说：“没问题！我还要带你去听一些鱼儿的‘演唱会’，比如鲳鱼、鲫鱼等。”

浩博想了想，问：“它们会唱歌吗？”

聪明的小朋友，你认为水下的鱼儿会唱歌吗?

在黑暗的水下世界里，鱼儿的生活并不像我们想象得那么单调。它们不仅能够相互交流、联络，还能够用声音去互相帮助，共享晚餐以及躲避敌害。比如鲫鱼，它们在发现凶猛的鱼类、遇到危险时，会发出一种响亮的“咣咣”声，呼唤同伴赶紧戒备，然后自己再快速溜走。鲳鱼在发现美味的食物之后，并不会独自享用，而是发出一种低沉的声音，邀请同伴前来共同享用可口的美味。

我们人类在发出声音时，依靠喉咙里的声带振动发声。鱼儿没有和人类一样的声带，它们是如何发出声音的呢？

动物学家研究发现，鱼类发出声音并不是依靠声带，而是靠它体内充满气体的鱼鳔。在鱼儿遇到特殊情况，需要发出声音的时候，它会抖动鱼鳔周围的肌肉，从而带动鳔产生振动，就发出了声音。

当然，并不是所有的鱼儿都是这样的，也有的鱼是利用身体的某些坚硬的部位互相摩擦来产生声音。有的鱼儿是利用背鳍、胸鳍或臀鳍的振动来发声的。还有的鱼儿是利用呼吸时腮盖的振动或肛门的排气来产生声音的，可以说是五花八门。

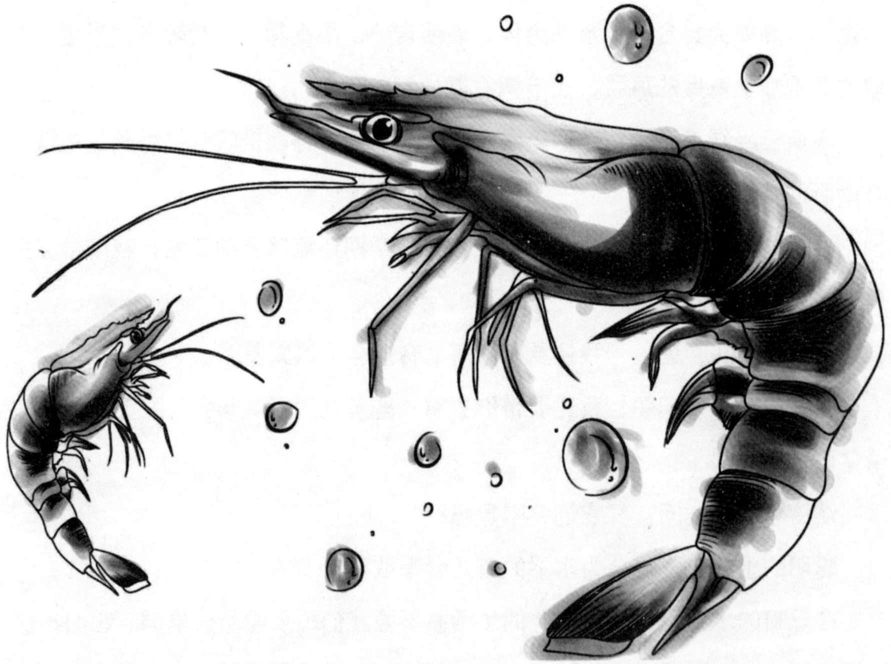

下面，将列举几种比较特殊的鱼类，它们发出的声音可是非常有趣的。

在深海里，有一种擅长打击乐的鱼，它叫鼓鱼，它发出的声音就像是咚咚敲打的鼓声，像演唱会上的鼓手一样。

海洋中，还有一种鱼儿，它发出的声音就像低沉、婉约的风琴，就像音乐会中的风琴手一样，是让人听上去很安静的音乐。

海洋中的大海虾就像是音乐会中的B-Box手，它们会发出“咔嚓、咔嚓”的声音，很有节奏。

至于海洋中的歌手，非鱼康鱼了，它每天喋喋不休，发出哇哇的喊声，即使被抓上了渔船，也不会停止“唱歌”。只是，那别扭的嗓子发出的是老人的咳嗽声，听了让人很难受。

听了爸爸的描述，浩博高兴地说：“原来海洋中还有这么多的知识呢，我一定要好好学习，争取早日看到它们的‘表演’。”

奇趣小知识：

在医院里，经常能够看到医生的脖子上挂个器具，那就是听诊器，它的原理是将心脏的振动产生的声音转变为电波信号，再通过听诊器，将电波信号大幅度放大，最后通过耳机或扬声器将放大了的电波还原为声波。对人体任何部位发出的声音，无论是生理性或病理性的，听诊器均可更加清晰、真实地听到。

无声胜有声——蝙蝠侠的大杀招

在乡下爷爷家的时候，夜幕降临的时候，浩博看到一只只蝙蝠在黑夜里飞行。

浩博禁不住赞叹道："蝙蝠的视力真好，这么黑都能看到路，而且还不会撞到一起。"

爸爸说："其实蝙蝠的视力非常差，根本就看不到路。"

浩博听了之后，不相信自己的耳朵，说："怎么可能？如果它视力不好的话，为什么这么黑还能飞得那么快，不会撞到东西呢？"

蝙蝠能在黑夜自由飞行捕捉食物，依靠的根本不是视力，而且据研究，蝙蝠的视力很差，弱到基本上看不到东西。

那么蝙蝠如何能够在漆黑的夜空中来去自如，高速飞行却不会撞到东西呢？

蝙蝠主要利用回声定位来辨别方向。

当声波碰到一个障碍物，比如墙壁、悬崖时，它会弹回来，我们会再听到这个声音，这种反射回来的声音称为回声。

蝙蝠就是利用这种回声定位进行捕食和辨别方位的。

可能会有人觉得奇怪，为什么蝙蝠发出的声音，人耳却听不到呢？

人耳朵能听到的声音频率约在20赫兹至2万赫兹之间，低于20赫兹或者高于2万赫兹的声音，人耳是听不到的。声波频率高于2万赫兹的，称为超声波；低于20赫兹的，则为次声波。次声波与超声波一样都看不见、听不到、摸不着。

蝙蝠能在漆黑的夜里自由飞行捕捉蚊虫为食，不是用视觉而是用听觉来定位。蝙蝠在飞行时发出人耳朵听不到的超声波，它的耳朵接收到这些回波，就能判断前面是应该躲避的障碍物还是要捕捉的虫子。

自然界中，除蝙蝠外，能发出超声波的还有蟋蟀、蚂蚱、老鼠、鲸等，狗能听到3.8万赫兹的超声波，有些鸟类可以听到4万赫兹的超声波。

超声波技术应用非常广泛，在医学界尤为突出。

超声波具有方向性好、穿透能力强等特点，和光线一样，能够反射、折射，也能聚焦。另外它的传播情况还与介质的特性有着密切的关系。

在医学中，用超声诊断和治疗各种疾病，具有无损害、无痛苦和及时等优点。超声治疗是一种物理疗法。

超声波为什么能够治病呢?

人体组织内的神经细胞对超声波十分敏感，它可以引导超声波在体内的活动，对那些正常与不正常的组织进行识别与区分，然后对不正常的组织进行干扰和遏制。

超声波在人体组织中能引起细胞的波动，相当于一种细微的“按摩”。它能促使局部血液和淋巴循环得到改善，从而对组织营养和物质代谢产生良好的影响。

另外，超声波还可以刺激半透膜，增强其通透性，加强人体新陈代谢，改善人体功能状态，提高人体组织的再生能力。

同时，超声振动能引起体内局部温度升高，因此它还具有扩张血管的作用。

随着科技的进步，超声波在医学领域的应用也越来越广，许多医院都开设了专门的超声诊室。超声诊断和治疗多用于脑血管意外疾病、血栓闭塞性脉管炎、慢性支气管炎、哮喘、偏瘫、冠心病及超声手术等。

奇趣小知识：

不仅在医学领域，在工业领域超声波同样有很广泛的应用，在工业上用超声波清洗零件上的污垢，在放有物品的清洗液中通入超声波，清洗液的剧烈振动冲击物品上的污垢，能够很快清洗干净。

声音利器——看不到的至猛武器次声波

超声波在医学、工业方面有着重要的作用，同样，次声波一样发挥着重要的作用。

然而，次声波频率低、波长长，所以传播距离会很远。次声波的另一个重要特性是有较强的穿透能力，既能穿透空气、海水、土壤，也能穿透飞机机体、舰艇壳件、坦克车体，以及坚固的钢筋混凝土构体。例如频率为3.44赫兹的次声波，其波长100米，能穿透建筑物的坚固墙壁。穿透力如此强的次声波，同样有着极强的破坏力。

1980年，有一艘驶往英国的船只“马尔波罗”突然神秘地失踪。20多年以后，有人却在火地岛附近发现了这只船。船上的一切摆设都原封不动、完好如初，就连已死多年的船员也都各就各位，保持着工作状态。这让科学家们不知所以，进而科学家对他们的神秘死亡进行研究，终于发现，原来他们是死于海上风暴产生的次声。

同样，在中国民航史上也有过一次因为次声波而导致的惨痛空难。1992年，桂林上空发生了一起空难，141人死亡。当事件的原因经多方查找而未肯定之时，中国声学研究所的专家经过研究发现，这架飞机因为“次声波”的作用而坠毁。

桂林当地的地形属于半丘陵地带，气团依山势走向而上下浮动，引起气流震动，产生一种“山背波”的次声波。当飞机遇到这种危害极大的由次声波引起的晴空湍流时，如同落入一个风旋涡中，在挤压力、冲力等多种强劲外力的作用下，造成飞机失控，产生机毁人亡的恶果。

次声波看不见、听不见，可它却无处不在。地震、火山爆发、风暴、海浪、枪炮、热核爆炸等都会产生次声波。次声波的传播速度和可闻声波相同。由于次声波频率很低，大气对其吸收甚小，当次声波传播几千千米时，其吸收还不到万分之几，所以它传播的距离较远，能传到几千万米至十几万千米以外。

同时，次声波还具有很强的穿透能力，可以穿透建筑物、掩蔽所、坦克、船只等障碍物。

经科学家研究，7000赫兹的声波用一张纸即可阻挡，而7赫兹的次声波可以穿透十几米厚的钢筋混凝土，地震或核爆炸所产生的次声波可将岸上的房屋

摧毁。次声如果和周围物体发生共振，能放出相当大的能量，如4到8赫兹的次声能在人的腹腔里产生共振，可使心脏出现强烈共振和肺壁受损。

那么，次声波为何会造成人员不流血却出现严重伤亡的现象呢?

科学研究表明：人体的内脏，有着固定的振动频率，而这种频率也在0.01到20赫兹之间，也就是说，它和次声波的频率相似。这样一来，当外来的次声波不管是自然形成的，还是人为制造的，一旦它的振动频率与人体内脏的振动频率相同或接近时，就会引起各种脏器的共振，这一共振便会使人烦躁、耳鸣、头痛、失眠、恶心、视觉模糊、肝胃功能失调紊乱；严重时，还会使人四肢麻木、胸部有压迫感。特别是与人的腹腔、胸腔和颅腔的固有振动频率一致时，就会与内脏、大脑等产生共振，甚至危及性命。

同样，随着科技的发展，次声波已经被人们用于工业生活中，比如通过接收核爆炸、火箭发射或者台风产生的次声波，来探测出这些次声源的有关参量。

人们还可以利用次声波预测自然灾害性事件。许多灾害性的自然现象，如火山爆发、龙卷风、雷暴、台风等，在发生之前可能会辐射出次声波，人们就有可能利用这些前兆现象来预测和预报这些灾害性自然事件的发生。

奇趣小知识：

在日常生活中，人们常受到外界振动的影响，如车船的颠簸、机械的振动和噪音的影响等。当这些振动恰好在次声波的范围之内，对人的影响就比较大。它能使你晕车、晕船，甚至头痛、呕吐。

第七章　动物世界和人的关系

动物发明——动物启迪的发明

浩博和爸爸妈妈一起到北京世界公园去旅游，在里面看到了世界各地有名建筑的缩小版，有悉尼歌剧院、金字塔、吴哥窟、泰国大王宫、非洲土著民居、墨西哥金字塔等，这些建筑非常漂亮。

在观赏悉尼歌剧院的时候，浩博脑海中闪出了一个疑问：悉尼歌剧院是谁设计的？为什么设计成这个形状？

爸爸说："是丹麦的年轻建筑设计师约恩·伍重，至于为什么要设计成这个样子，里面的故事可太多了。首先，你要看看悉尼歌剧院从外形上看像什么。"

浩博认真地观察了一番，说："很像个贝壳。"

爸爸点点头。可是悉尼歌剧院为什么要设计成贝壳的形状呢？

聪明的小朋友，你知道问题的答案吗？

在我们的身边，平时那些不起眼的小动物，它们可是人类这个大家庭的"老师"，在鱼类的启发下，人类发明了轮船；在萤火虫的帮助下，人类发明了蜡烛；在大雁的帮助下，人类发明了飞机。于是，科学家们不断地从动物那里学习知识，为人类造福。

前面我们说到的建筑大师蜜蜂，它们的"建筑设计"才能令人类惊讶。今天，我们谈论的悉尼歌剧院同样是向动物学习的成果。

1955年9月，澳大利亚政府向全世界的建筑设计者公开发出招标书，为澳大利亚设计一个歌剧院，要求是必须有一个能容下3000人的大厅和一个能容下1200人的小厅，两个厅都要被设计成有不同的用途，其中包括歌剧、交响乐和合唱音乐会，大规模的会议、讲座、芭蕾舞演出和其他演讲。

当时，世界各地的建筑设计公司都参与投标，短短几个月的时间，共收到了来自32个国家的233件参赛作品。

远在丹麦的年轻设计师约恩·伍重看到了澳大利亚歌剧院设计方案的广告。尽管约恩·伍重对澳大利亚一无所知，但是凭借着从小生活在海滨渔村的生活积累，他迸发出了一个灵感。

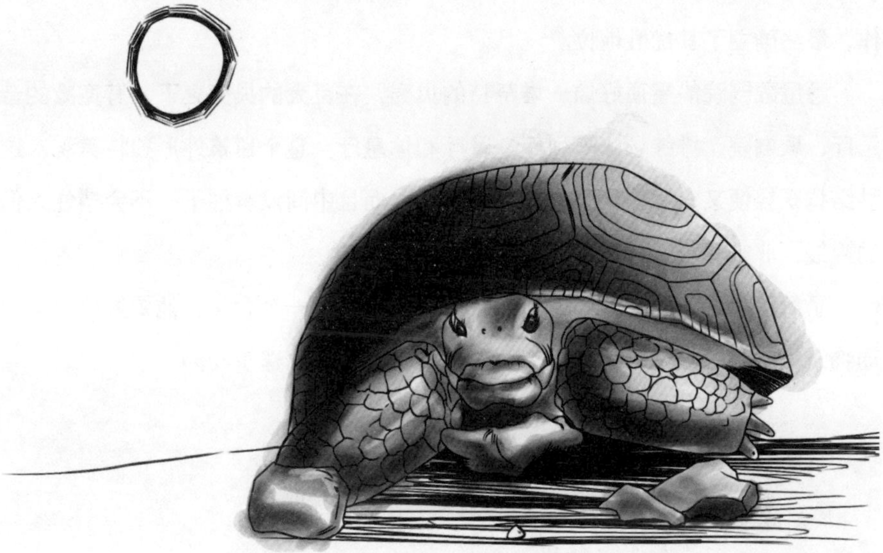

有一天，他到海边散步，无意间看到了海边堆积的贝壳。他拿起其中的一片，发现弯曲的表面很薄，他想捏碎它，却没想到，尽管他用了很大的力气，贝壳也依然没有任何损伤。

这引起了他的兴趣，他仔细地看了看贝壳，发现它的厚度不足两毫米，想要捏碎它却非常困难。他明白了，贝壳的结构非常合理，因为当它承受压力时，力量会向四周均匀扩散，所以十分牢固。

他将自己的灵感设计成一幅作品，经过认真地修改之后，他寄出自己的设计方案。事实上，他压根也不敢想自己的作品能够入选，因为当时参与设计的，很多都是世界知名的设计公司。

恰恰是这样，他根本没有料到，他的设计方案将会在异域的南半球上演。

1957年1月，歌剧院的评委会庄严宣布：约恩·伍重的方案击败231个竞争对手，获得第一名。这个设计方案一经公布，人们都为其独具匠心的构思和超俗脱凡的设计而折服了。但是，谁又曾知道，约恩·伍重的方案最初就遭到了淘汰，被大多数评委枪毙而出局。后来评选团专家之一，芬兰籍美建筑师埃洛·沙里宁来悉尼后，提出要看所有的方案，它才被从废纸堆中重新翻出。他看到这个方案后，欣喜若狂，并力排众议，在评委间进行了积极有效的游说工作，最终确立了其优胜地位。

悉尼歌剧院的屋顶好像一堆奇特的贝壳，在巨大的贝壳之下，有宽敞的音乐厅、歌剧院、排练场、陈列厅、餐厅和休息厅。整个建筑外形独特美观，这种结构既轻便又牢固，又节省了很多材料，而且中间没有柱子，不会挡住人们的视线，非常美观。

了解了悉尼歌剧院的知识之后，浩博又萌发了一个念头，他要好好地学习动物筑巢方面的知识，将来为人类设计出更多更好的建筑物。

奇趣小知识：

著名的小巨蛋建筑，屋顶坡度较缓，出檐较大，能够最大限度地减轻重量，承受较大的强度，就是根据乌龟壳的特点设计出来的。

减震大师——鸟类中的天才医生

浩博和爸爸在小区里散步，突然听到“笃笃笃”的声音从空中传来，抬头一看，原来树上有只啄木鸟。浩博以前在科普书上看到过啄木鸟的图片，但从来没有见过真的。这只啄木鸟大概有20厘米长，翅膀和头部的羽毛黑白相间，腹部羽毛为白色，靠近尾部的羽毛为红色。这只啄木鸟非常勤劳，一直用嘴啄着树干找虫子，不时有小块树皮落到地上。

邻居听到声音，都聚集到树下面，纷纷拿出手机拍摄。虽然有很多人看它，但它还是不停地啄着树干。

爸爸说：“啄木鸟一般都生活在森林里，在城市中很难看到。现在能在我们小区看到它的身影，说明我们小区的环境很不错。”

浩博问：“这个树干这么硬，啄木鸟居然都能凿开，它的嘴巴真厉害。”

爸爸点点头说：“它的嘴又长又尖又有棱角，就像一把锋利的凿子。另外，它的嘴里还有一个长长的舌头，舌头的尖端有一个倒钩，能将隐蔽在树干深处的虫儿钩出来。”

这个过程中，啄木鸟不停地在树干上啄击。浩博心中产生一个疑问：这不会产生强烈的震动吗？这震动如果发生在人身上，恐怕早就脑震荡了，可是啄木鸟却安然无恙。这是为什么？

聪明的小朋友，你知道这是为什么吗？

在世界上，啄木鸟有200多个品种，其中我国分布有20多种，有棕胶啄木鸟、大斑啄木鸟、星头啄木鸟等。啄木鸟以各种害虫和幼虫为食，它每天可以消灭100多条藏在树干中的害虫。

根据统计，在1000亩人工林内，只要长期生存着两对啄木鸟，基本就能够控制蛀干害虫的发展，可以说是天然的“森林医生”。

另外，啄木鸟有一种极为高超的攀缘树干的本领，可以在又直又滑的树干上升降自如。这是因为它的脚趾长得非同寻常。一般鸟趾是三趾向前，一趾向后；而啄木鸟却是三趾向前，二趾向后，并有锐利的爪钩。另外，啄木鸟还有一副坚硬而又有弹力的尾羽，可以用来支撑身体。因此，它不仅能够有力地抓住树干而不致滑下，还可以沿着树干向上跳跃和灵活地绕树干转动。

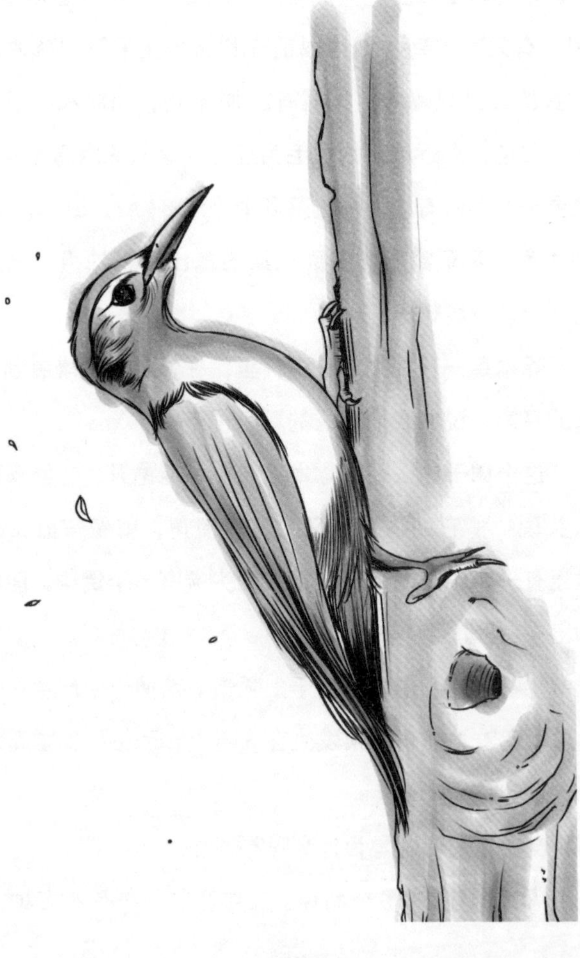

在凿击树干的过程中，啄木鸟的头部向前运动的速度，几乎是声音在空气中传播速度的两倍。声音在空气中的传播速度约为340米/秒。它以如此高的速度不停地用嘴凿击树干，既不会患脑震荡，又不会产生头痛症，这是因为它特殊的大脑结构，令科学家非常佩服。为了揭开其中的奥秘，动物学家对死去的啄木鸟的头部进行解剖分析，发现在它的大脑周围有一层海绵状骨骼，里面含有液体，这些能够起到缓冲的作用，从而起到消震作用。

除此之外，在它的脑壳外围还长满了一层很有弹性的肌肉，这也能起减震作用。在啄木鸟啄树的过程中，头部是始终不变地作直线运动。

科学家们从啄木鸟那里得到减震防震的启示，例如，建筑工人的安全帽，帽顶与头顶之间的填充物，用的是坚固而又轻又密实的海绵状材料，能够减少物体的冲击。帽子下部又有一个保护领圈，发生撞击时，会使人体头部尽量做直线运动，不会产生任何转动，避免因旋转运动造成脑损伤。这种设计理念是根据啄木鸟的头部特点设计的。

了解了这些知识，浩博感叹地说："看来，大自然真是人类的好老师，它有无穷的秘密等着我们去探索，去发现。"

奇趣小知识：

啄木鸟有个很奇怪的特点，它的舌头长在鼻孔里。这是因为啄木鸟的舌头细长而富弹性。它的舌根是一条弹性结缔组织，从下颚穿出，向上绕过后脑壳，在脑顶前部进入右鼻孔固定，只留左鼻孔呼吸，这种"弹簧刀式装置"可使舌头伸出嘴达12厘米长，最大限度地捕捉到树干中的害虫。

丝绸厂——天然丝织厂蜘蛛

前面说到，蜘蛛是诸葛亮的“老师”——教他摆出八卦阵。除了诸葛亮的老师这个身份之外，蜘蛛还有一个身份，它是天然丝织厂的“老板”。

我们知道，蜘蛛织网的本领非常强。它能够根据地形，快速而准确地“计算”出需要织多大的网，接下来就会用最节省材料、又能得到最大需求的方法进行编织。一切都准备就绪之后，蜘蛛就开始忙碌了，只需要一个小时的时间，就能够完工了。

接下来，我们要探讨一个小问题，这些蛛丝是从哪里来的呢?

原来，蜘蛛的丝不是从嘴巴里吐出来的，而是从屁股后面的洞洞里喷出来的。在蜘蛛的肚子里，能够制造出一种含有丰富的甘氨酸、丝氨酸的蛋白质黏液。而在蜘蛛的屁股上，有三对鼓起来的地方，动物学家称之为纺绩器。

纺绩器是专门拉丝的器官。可别小看这个小小的纺绩器。它的上面有一层膜，而这个膜上面居然有一千多个小孔。当蜘蛛需要吐丝的时候，黏液就会从小孔里喷出来。

不过，从小孔里喷出来的并不直接就是丝，而是一种黏稠的液体。这种液体一遇到空气，立刻就会凝结成丝。

一千多个小孔同时喷出液体，变成的一千多根细丝并起来，就成了一根细细的、黏性很大、张力很强的“丝线”啦。

丝线非常细，以我们的头发为标准，我们的头发非常细，可一根蛛丝的粗细只有头发的百分之一。蛛丝虽然非常细，但是非常结实，一般的风雨休想把它弄断。

根据科学家的测试，一根直径为0.1毫米的蛛丝，能够载重80克，可以再将它拉长五分之一也不会断。后来，科学家将很多根蛛丝合并到一起，和一根粗细相当的钢筋比较，它的承重量居然是同样粗细的钢丝的五倍。

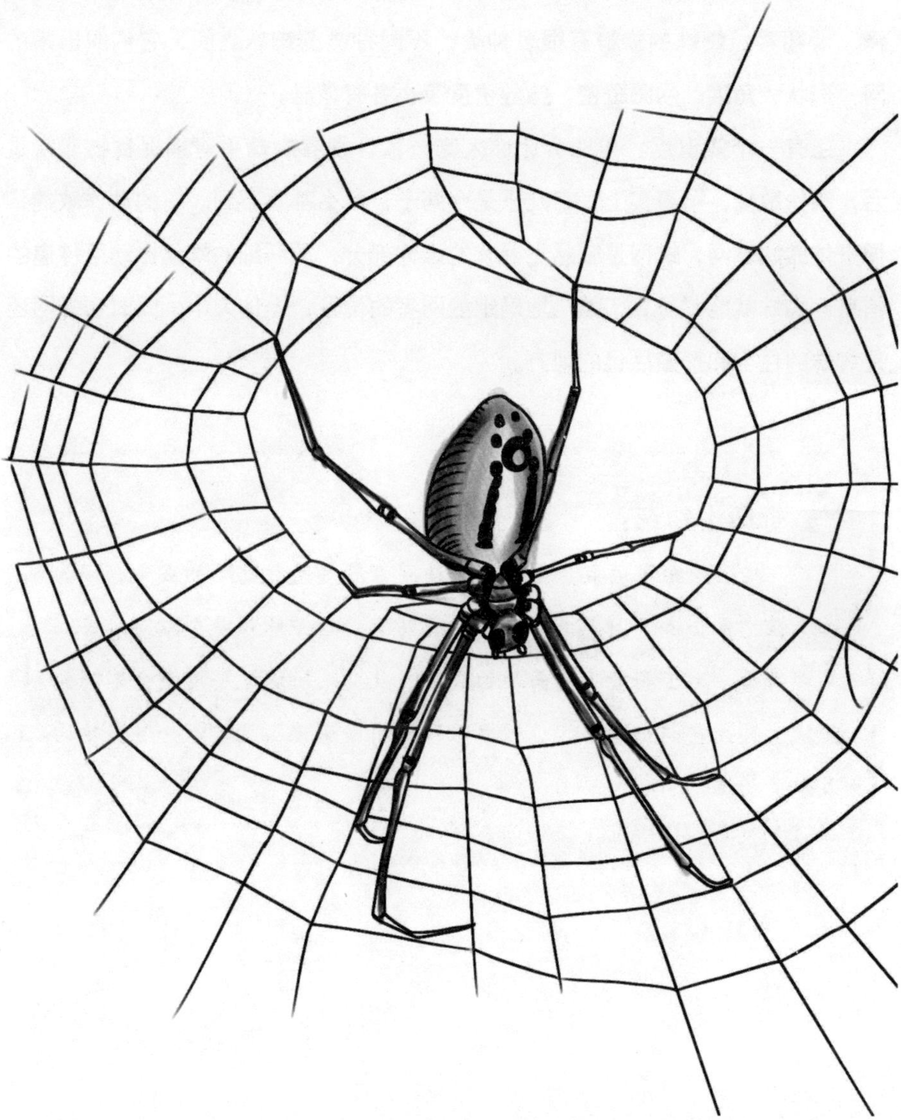

正是研究了蛛丝的特征之后，人们才发明了人造丝。如今，我们生活之中经常用到和见到的涤纶丝、尼龙和玻璃等，都是根据蜘蛛吐丝的启发而来的。先是将尼龙、涤纶和玻璃等溶解，或者融化成一种黏稠状的液体，然后将这种液体从喷丝孔中压出或者挤出来，使之在空气中凝固成纤维。

接下来，我们还要解答一个问题：蜘蛛为什么要吐丝呢?

蜘蛛吐丝并不是简单地用来捕捉食物，还可以用吐丝作为指路线、安全绳、滑翔索。蜘蛛的族群有很多种类，不同种类的蜘蛛之间，它们织出来的网，形状、角度、网眼疏密、纬丝密度等也各有差异。

还有一个知识点，可能会让你大吃一惊，别看蜘蛛平时捕捉食物非常灵活，动作敏捷，可事实上，它几乎是个瞎子，什么都看不到。它的动作敏捷，便是依靠蜘蛛网，蜘网是它感觉器官的延伸部分，凭纤细的蛛丝振动所传递的信息，蜘蛛就能“一目了然”地确定触网者的位置、个体大小。同时蜘蛛网还是蜘蛛的住宅和繁殖后代的地方。

奇趣小知识：

一些医药学家通常会借助蜘蛛结网来鉴定某种药物的成分，因为蜘蛛在吃了含咖啡因或者其他成分的药物之后，蛛丝就会参差不齐，弯弯曲曲。为了测定某些药物的成分，就会给蜘蛛吃一些成分不明的药物，再让它们织网，然后根据蛛网的图案变化，就可以知道药物的成分了。

地动仪——蟑螂的地动仪

昨天上午10点多的时候，小区里发生了3.0级的轻微地震，幸好没有人员伤亡。

上午10点多的时候，浩博正在家里写作业，突然感觉到桌子有轻微的摇摆，同时伴有“砰砰砰”的响声，时间持续了三四秒。

爸爸赶紧站起来，迅速打开家门看个究竟。此时，居住在浩博楼上楼下的住户都纷纷出门，大家见面第一句话就问：“是不是发生地震了？”

爸爸赶紧带着浩博和妈妈走下了楼，小区里已经聚集了很多人，大家都在议论地震的事情。后来，小区的物业通知大家注意安全。

浩博问：“发生了地震，怎么也没有人事先通知一声呢？”

爸爸说：“到目前为止，人类还无法准确地预知地震。”

浩博问：“那发生了地震，我们就一点儿也无法预知吗？”

爸爸回答说：“其实并不完全是这样，根据动物学家的研究，蟑螂是目前能够预知地震的动物之一，但一直还没有得到论证。”

蟑螂能够预测地震？这是真的吗？

从很早开始，就有人注意到蟑螂在地震发生前夕会有一些异常的举动。在2004年的印度洋地震引发的海啸大灾难中，蟑螂就表现异常。

当时，一对来自澳门的夫妻在泰国普吉岛海边度假。海啸发生前，他们发现租住的酒店内出现了成群的蟑螂，到处乱窜。这对夫妻认为酒店的卫生太差，就换了另一家距离岸边400米的酒店。

四个小时之后，海啸便汹涌而至，原来住的那间酒店很快就被海水淹没了。

难道蟑螂能够成功地预测出地震?

在预测地震方面，早在东汉时期，张衡就创造了一台“地动仪”。从外表上看，这是一个铜制的圆筒，顶部有一个铜的圆顶。圆筒的内部设置有机关，外面铸有八个龙头，每一个龙头的口中含有铜丸，分别朝向东、南、西、北、东北、东南、西北、西南八个方向。如果某个地方发生了地震，那个方向的龙头口中的铜丸就会掉下来，掉进下面放着的铜蟾蜍的口中。

根据历史记载，有一次甘肃方向发生了地震，由于震中的距离太远，洛阳城内毫无震感，可是地动仪却预测到了地震。

近年来，科学家们发现，每次在地震前夕，蟑螂都会有异动。为了研究这种现象，科学家对蟑螂进行了一个实验，在实验中，他们发现这些蟑螂在一个月里出现了五次反常行为：像热锅上的蚂蚁一样团团转，每一次都发生在地震前四小时。

这种反常举动是否说明蟑螂能够预测地震呢？答案是不一定，但至少证明了蟑螂有预测地震的能力。

蟑螂为何能够预测地震呢？通过对蟑螂的身体结构进行研究，发现蟑螂的尾部有一对尾须，尾须上密密麻麻地生长着许多丝状的、细细的毛发。

每次发生地震时，蟑螂腿上细细的毛发，能够预测出微小的振动。这些和张衡地动仪的每一个铜丸一样，只对来自某一方向的震动最敏感。

可是，蟑螂的尾须比地动仪要明显先进得多，它的体积只有地动仪的万分之一，但它的细细的、丝状的毛发却有两千根，辨别方向的精密程度显然也就高得多。通常，在地震前总有一些轻微的震动。这些震动人是感觉不到的，但蟑螂尾须上的丝状小毛却已经感觉到了。

目前，科学家正在模仿蟑螂的尾须，研制新型的地震仪，如果能够研制成功的话，人类受到的地震的伤害会大大降低。

奇趣小知识：

除了蟑螂之外，一些家畜，比如狗、牛及一些小鸟，在地震发生前夕，也会有一些非同寻常的举动。动物学家认为，这是因为动物的某些器官比较敏感，能够感觉到地震来临前的震动。

人造器官——动物给人类的启发

五一劳动节的时候，浩博和妈妈去了海洋馆，海洋馆人山人海。在那里，浩博看见了各种各样的鱼，看到的最大的鲨鱼有两米多长，还有罗非鱼、小丑鱼、娃娃鱼、鳄鱼等，五彩缤纷的鱼让浩博都看花了眼。

他和妈妈还去了海洋隧道，一进去，闪在眼前的全是鱼，浩博感觉眼睛都不够用了，不知看哪里才好，鱼太漂亮了，有很多种他没有见过，更叫不上名字，颜色也很漂亮。

在玩的过程中，妈妈一会儿叫他看这个，一会儿又叫他看那个；这个吃得很胖，那个又扁又大还有尾巴；这条很大，那条比这条还要大。这些鱼好像在浩博身边飞来飞去，浩博觉得自己是在童话世界里。

浩博说："我要是能够像鱼儿一样，在水里自由自在地游泳就好了。"

妈妈笑着说："没问题，现在科学家正在模仿鱼鳃，如果有一天人造腮成功了，我们就可以像鱼儿一样自由自在地游泳了。"

浩博问："人造腮？是什么？"

聪明的小朋友，你知道人造腮是什么吗？

鱼类能够在海底世界中自由自在地呼吸和生活，这因为它们有一种特殊的呼吸器官——鱼鳃。

鱼鳃分布在鱼的头部两侧，有两块很大的鳃盖，打开鳃盖就能够看到里面的鳃腔。鱼儿的咽喉两侧各有四个鳃，每个鳃又分成两排鳃片，每排鳃片由许多鳃丝排列而成，鳃小片上布满了纵横交错的微血管。当水通过鱼鳃的时候，鳃小片上的微血管便会吸收溶解在水中的氧气，并排出二氧化碳。

也就是说，当血液流过鳃小片的时候，就完成了气体交换。和人类的呼吸一样，鱼儿将二氧化碳透过鳃小片的薄壁呼出，送到水中，同时吸收水中的氧，氧随血液循环输送到身体各部分去。鱼类的呼吸过程就是这样完成的。

一直以来，很多人都幻想着像鱼儿一样，在水中自由自在地游泳。当然，实现的前提是能够仿制鱼鳃制造出人工鳃，那么人类就可以在水中自由自在地呼吸了。

目前，世界上很多科学家都在努力进行这个实验。1964年，由美国军方资助的科学家们在这个方面取得了一些进步，他们已经初步发明出了一种“人造鳃”系统，它可以模拟鱼鳃功能，将氧气从水中吸收出来，供人体进行呼吸。然而，由于这个人工鳃的体积太大，一直没有通过测试。参与实验的科学家希望将“人造鳃”的尺寸大大缩小，从而可以绑在潜水员的胸膛上。

后来，科学家改变了方法，研究一种能够在水中提取氧气的人造腮，这种“人造鳃”是模仿鱼鳃的功能打造的：因为水中的氧气只有空气中的3%左右，但复杂的鱼鳃却能够允许鱼吸收水中的氧气，并抛弃无用的二氧化碳。鱼鳃鳃片上排列着梳齿状的鳃丝，鳃丝上密布着毛细血管；当水通过鳃丝时，毛细血管就会摄取水中溶解的氧气，同时将二氧化碳排到水中。

在1978年，美国科学家研制了一种新的人工鳃，利用血红蛋白固定在聚氨基甲酸酯上，利用血红蛋白从水中不断吸取氧气。这虽然有所进步，但始终因尺寸太大，无法普及。

到目前为止，潜水员们依赖的呼吸系统都要受限于氧气储存量的多少，只能在水底工作有限的时间。如果潜水员能够戴上这种新的“人造鳃”，那么就可以像鱼类一样在水底自由自在地畅泳，根本不必担心氧气会用完。

明白了这些知识之后，浩博迫不及待地说：“科学家要赶紧发明出来啊，那个时候就可以自由自在地游泳了。”

奇趣小知识：

一直以来，很多人在关心一个问题：氧气会用完吗？我们呼吸的氧气主要来源于植物的光合作用，绿色植物通过叶绿体，利用光能，把二氧化碳和水转化成储存着能量的有机物，并且释放出氧气。只要我们保护植物，氧气就会源源不断地出现。

大力士——动物界中的大力士

早上，浩博和爸爸在森林里散步时，发现在树荫下有一只死螳螂。

浩博仔细地看了看，对爸爸说："爸爸，这个螳螂和《昆虫记》上的螳螂长得一模一样。"

爸爸说："是的！"

浩博想了想说："我把它当标本吧。明天上学的时候，我将它带到我们的自然科学馆，做成标本，供同学们参观。"

爸爸点点头说："可惜的是，这只有点小。"

浩博说："那大的是多大啊?"

爸爸说："小的只有两三厘米，可大的长度接近二十厘米呢。"

浩博惊叹地说："哇，原来大的这么长啊！"

爸爸说："你可别小看了螳螂，它可是对人类有非常大的帮助的。"

浩博觉得很奇怪，一只小小的螳螂对人类有什么帮助? 聪明的小朋友，你知道吗?

螳螂的身形十分矫健，能够快速穿行于狭窄的缝隙之中。它的周身是绿色的，最明显的是它那大刀似的两条多关节的长臂，那是十分厉害的。

螳螂以害虫为食物，能够捕食40余种害虫，例如蝇、蚊、蝗、蛾蝶类及其幼虫和裸露的蛹、蟋蟀等小型昆虫，还有蝉、飞蝗等大型昆虫。

螳螂身形苗条，可它的两条大长臂非常厉害，即使是昆虫世界中的跳高跳远冠军蝗虫，遇到它也只有束手就擒的份。这一切都得益于它的两条长而灵活的手臂。

很多科学家借鉴螳螂的双臂健壮有力的这个特点，发明了铁螳螂。铁螳螂有着两条长而灵活的曲臂，可以从各个方向举起40公斤重的物品；借助着四只各自单独驱动的轮子，能够在七高八低的地方行走，甚至能够攀爬楼梯。铁螳螂广泛用于各种搬运物体的地方。

一些发生地震、房屋坍塌等非常危险的场所，是铁螳螂大显身手的地方，在那里，它可以用于抢救人员和搬运贵重物品。

除了有力的曲臂之外，见过螳螂的人，会发现它的曲臂上有两排尖利的锯齿，这些锯齿看起来非常像两排刀口，而且大腿和小腿上都生长着锯齿。

借助这个特点，科学家还发明了锯齿，广泛用于人类的生产和生活中。

尽管螳螂非常凶猛。可它建造的巢穴非常精致。螳螂的巢穴，在太阳光照耀的地方随处都可以找到，比如石头堆里、木头底下、破布下面。

关于螳螂的巢，体积大小约有一两寸长，不足一寸宽。它的颜色是金黄色的，样子很像一粒麦子。这种巢是由一种多沫的物质做成的。但是，不久以后，这种多沫的物质就逐渐变成固体了，而且慢慢地变硬了。如果燃烧一下这种物质，便会产生出一种像燃烧丝质品一样的气味。螳螂巢的形状各不相同。这主要是因为巢所附着的地点不同，因而巢随着地形的变化而变化，会有不同形状的巢存在。但是，不管巢的形状多么千变万化，它的表面总是凸起的，这一点是不变的。

了解了这些知识之后，浩博说："真是想不到，小小的螳螂都可以给人类那么大的启发。"

爸爸点点头，"只要你认真观察，身边有很多动物，它们的生存环境和特点都可以给人类带来启发。"

奇趣小知识：

螳螂有一种非常奇特的行为，让人非常害怕。雌性螳螂与雄性螳螂交配之后，会将它的丈夫一口一口吃掉。最后，剩余下来的只是它丈夫的两片薄薄的翅膀而已。这是因为雌螳螂产卵时，需要大量的能量，雄螳螂的肉正是极好的能量提供品。